KB000659

개념 잡는
비주얼
화학책

개념 잡는 비주얼 화학책

멘델레예프에서 핵융합까지

우리가 알아야 할 최소한의 화학 지식 50

에릭 셰리, 필립 볼 외 지음 | 고중숙 옮김

궁리 KungRee

들어가기

에릭 셰리(캘리포니아대학 화학과 교수)

원소와 주기율표에 대한 관심이 지금처럼 높아진 때는 없다. 물론 우리 모두 학창 시절의 화학 시간을 통해 주기율표를 대한 적이 있다. 누구나 화학 실험실이나 교실 벽에 걸린 주기율표를 기억할 텐데, 심지어 그중 일부는 외우도록 교육받기도 했다. 이 표에는 알려진 모든 원소들이 분류되어 있다. 따라서 여기에는 지구를 이루는 가장 근본적인 성분들이 망라되어 있으며, 사실 우리가 아는 한 우주 전체의 성분들이기도 하다.

그러나 처음에 주기율표를 만들었을 때는 그것이 의심할 바 없이 가장 중요한 과학적 발견 중의 하나일 뿐 아니라 오늘날 우리가 가진 모든 화학 지식의 근본이 된다는 점을 제대로 깨닫지 못했을 것이다. 이 표의 핵심 원리는 믿을 수 없을 정도로 단순하다. 모든 원소들을 무게가 증가하는 순서로 늘어놓으면 이전의 어떤 원소와 물리적 · 화학적 성질이 비슷한 것들이 적당한 간격을 두고 되풀이 나타난다. 이는 단순한 우연이 아니라 모든 원소들에서 분명한 사실인데, 다만 맨 앞쪽에 있어서 그보다 앞선

드미트리 멘델레예프(Dmitri Mendeleev, 1834~1907)
러시아의 화학자인 그는 오늘날 우리가 보는 주기율표의 원형을 처음 제안했으며, 이를 토대로 당시에는 알려지지 않았던 새로운 원소들의 존재를 예언하기도 했다. 이런 업적 때문에 그를 흔히 '주기율표의 아버지'라고 부른다.

짝이 없는 몇 가지 원소들은 예외다.

이런 특성 때문에 원자들의 일차원적 배열은 이차원적인 표로 재배열할 수 있다. 이는 마치 달력에 쓰인 날짜들이 일주일이라는 일정한 간격을 두고 배열되어 표처럼 보이는 것과 같다. 그러면 어떤 날짜들은 같은 요일 아래에 늘어서게 된다. 원소들을 이렇게 배열해놓고 보면 놀랍도록 다양한 특성들이 서로 긴밀히 얽힌 체계적 일관성을 드러낸다. 물론 오늘날 우리는 단순한 무게가 아니라 원자 속에 들어 있는 양성자의 개수를 가리키는 원자번호에 따라 원소들을 배열한다. 그리하여 한때 과학자들의 골치를 썩였던 '짝 바뀜(pair reversals)'이라는 기술적 문제를 해결했지만 이는 사소한 수정에 불과하므로 주기율표의 핵심적 특성에는 아무 영향이 없다.

— 70 —

но въ ней, мнѣ кажется, уже ясно выражается примѣнимость выставляемаго мною начала ко всей совокупности элементовъ, пай которыхъ извѣстенъ съ достовѣрностію. На этотъ разъ я и желалъ преимущественно найдти общую систему элементовъ. Вотъ этотъ опытъ:

			Ti=50	Zr=90	?=180.
			V=51	Nb=94	Ta=182.
			Cr=52	Mo=96	W=186.
			Mn=55	Rh=104,4	Pt=197,4
			Fe=56	Ru=104,4	Ir=198.
			Ni=Co=59	Pl=106,6,	Os=199.
H=1			Cu=63,4	Ag=108	Hg=200.
	Be=9,4	Mg=24	Zn=65,2	Cd=112	
	B=11	Al=27,4	?=68	Ur=116	Au=197?
	C=12	Si=28	?=70	Sn=118	
	N=14	P=31	As=75	Sb=122	Bi=210
	O=16	S=32	Se=79,4	Te=128?	
	F=19	Cl=35,5	Br=80	I=127	
Li=7	Na=23	K=39	Rb=85,4	Cs=133	Tl=204
		Ca=40	Sr=87,6	Ba=137	Pb=207.
		?=45	Ce=92		
		?Er=56	La=94		
		?Yt=60	Di=95		
		?In=75,6	Th=118?		

а потому приходится въ разныхъ рядахъ имѣть различное измѣненіе разностей, чего нѣтъ въ главныхъ числахъ предлагаемой таблицы. Или же придется предполагать при составленіи системы очень много недостающихъ членовъ. То и другое мало выгодно. Мнѣ кажется притомъ, наиболѣе естественнымъ составить кубическую систему (предлагаемая есть плоскостная), но и попытки для ея образованія не повели къ надлежащимъ результатамъ. Слѣдующія двѣ попытки могутъ показать то разнообразіе сопоставленій, какое возможно при допущеніи основнаго начала, высказаннаго въ этой статьѣ.

Li	Na	K	Cu	Rb	Ag	Cs	—	Tl
7	23	39	63,4	85,4	108	133		204
Be	Mg	Ca	Zn	Sr	Cd	Ba	—	Pb
B	Al	—	—	—	Ur	—	—	Bi?
C	Si	Ti	—	Zr	Sn	—	—	—
N	P	V	As	Nb	Sb	—	Ta	—
O	S	—	Se	—	Te	—	W	—
F	Cl	—	Br	—	J	—	—	—
19	35,5	58	80	190	127	160	190	220.

멘델레예프의 주기율표

프랑스의 화학자 앙투안 라부아지에(Antoine Lavoisier, 1743~1794)가 1789년에 원소들을 정리한 자료가 현대적인 목록의 토대가 되었다. 하지만 주기율표는 멘델레예프가 1869년에 만든 초기의 것과 여기에 보인 1871년의 최종 제안을 거쳐서 태어나게 되었다.

러시아의 화학자 드미트리 멘델레예프를 비롯한 몇몇 과학자들에 의해 원소들의 주기 체계가 처음 만들어졌을 때에는 왜 이런 특성이 나타나는지를 이해하지 못했으므로 당연히 그 배경에 대한 설명도 없었다. 하지만 원소들이 그토록 우아한 체계 안에서 성공적으로 배열된다는 사실 자체는 장차 드러날 심오한 그 무엇을 암시하기에 충분했다. 실제로 멘델레예프 자신부터 그때까지 발견되지 않았던 새로운 원소들의 존재를 예언했다. 그리고 이로부터 15년이 지나기 전에 이 유명한 예언이 지목했던 세 가지 원소들이 발견되었다. 갈륨(gallium)과 스칸듐(scandium)과 저마늄

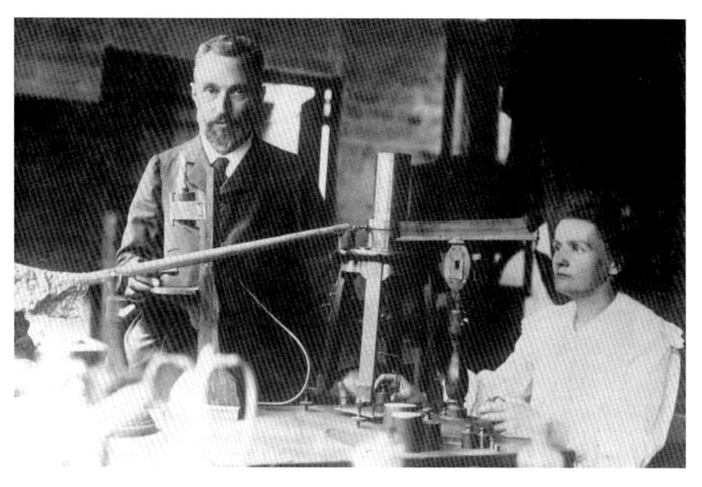

방사능 연구

피에르 퀴리(Pierre Curie, 1859~1906)와 마리 퀴리(Marie Curie, 1867~1934) 부부는 연구비를 스스로 마련하느라 가난하게 살았다. 당시에는 몰랐던 위험한 방사능 원소들에 대한 그들의 연구는 이후 현대적인 핵물리학의 발전에 크게 기여했다.

(germanium)이 바로 그것들인데, 이 획기적 사건에 의해 원소들의 주기적 체계는 그 어떤 심오한 진실과 연결된다는 점이 더욱 명확해졌다.

20세기에 접어들어 톰슨(Joseph Thomson, 1856~1940), 보어(Niels Bohr, 1885~1962), 파울리(Wolfgang Pauli, 1900~1958)를 비롯한 많은 물리학자들이 원소들의 주기적 체계에 대한 배경이 무엇인지를 밝히기 위해 노력했다. 전자의 발견으로 이름을 떨친 영국의 물리학자 톰슨은 원자 속의 전자가 특수한 방식으로 자리 잡는다는 생각을 처음으로 내놓은 사람들 가운데 한 사람인데, 오늘날 우리는 이를 '전자 배치(electronic configuration)'라고 부른다. 덴마크의 물리학자인 보어는 이 생각을 가다듬어 왜 원소들이 규칙성을 띠는지, 다시 말해서 왜 각각의 원소들이 주기율표에서 고유의 자리를 차지하게 되는지에 대한 실마리를 내놓았다. 그의 답은 주기율표에서 같은 열, 곧 달력으로 치면 같은 요일에 배치된 원소들은 최외각(맨 바깥 껍질)에 있는 전자들의 개수가 같다는 것이다. 이러한 그의 생각은 화학 반응이 주로 최외각의 전자들에 의해 이루어진다고 보는 당시의 새로운 이론에 더욱 힘을 실어주게 되었다.

다음으로 오스트리아의 물리학자 파울리는 그때까지 알려지지 않았던 전자의 숨은 자유도(degree of freedom)를 제안하여 전자 배치 이론을 더욱 발전시켰는데, 이후 이 자유도는 '스핀(spin)'이라고 불리게 되었다. 이상의 내용을 간추리면 원소들의 주기성을 이해하려는 노력은 양자론(quantum theory)의 발전에 엄청난 기여를 했으며, 반대로 양자론의 아이디어들은 이 주기성의 이론적 배경에 대한 근본 토대를 제공하게 되었다.

이 책은 주기율표의 원소들 중 가장 흥미롭고도 잘 알려진 50가지의 원소들에 대해 짤막하고 쉽게 소화할 수 있는 지적 여정을 제공한다. 여기에는 칼로 자를 수 있을 정도로 무른 금속인 소듐과 상온에서 유일한 액체 금속으로 유명한 수은 그리고 제1차 세계 대전에서 최초의 화학 무기로 쓰였던 유독한 염소 기체 등이 포함되어 있다.

이 글들은 각자의 분야에서 과학을 일반인들에게 쉽게 잘 설명한다고 널리 인정받은 선도적인 전문가들이 쓴 것으로 대략 30초 정도면 읽을 수 있다. 이와 함께 각 원소에 관련된 역사적 인물들에 대해서도 설명한다. 이들은 해당 원소를 최초로 추출한 사람일 수도 있지만 단지 그렇게 했다고 믿었을 뿐인 사람일 수도 있다. 사뭇 많은 원소들이 추출하기가 아주 어려워서 실패로 끝났던 시도를 성공했다고 잘못 발표한 경우도 많았기 때문이다.

30초의 설명이 부족하다고 생각할 경우를 대비해서는 3초쯤이면

볼 요약과 3분쯤 생각해볼 반응에 대한 설명도 덧붙였다. 이런 설명들을 통해 원소들의 발견과 역사적 역할 및 실제적 응용에 대해 알게 될 것이다. 때로는 자연계나 입자가속기에서 발견되기 전에 펼쳐졌던 논쟁에 대한 이야기도 나온다. 그리고 원소들이 어찌하여 각자 독특한 개성을 드러내는지도 알게 되는데, 이는 궁극적으로 각 원소들이 갖고 있는 양성자와 중성자와 전자의 개수가 다르기 때문이다. 따라서 원소들의 화학적 성질은 결국 이런 소립자들의 물리적 특성에서 유래하지만 그 상세한 내용에 대해서는 아직도 완전히 이해하지 못하고 있다. 왜 개별 원소들은 양자역학적 수준에서는 모두 동일한 근본 법칙들을 따르면서도 화학적으로는 그토록 다양하고도 독특한 개성을 나타내게 되는 것일까?

이쯤에서 동물계의 놀라운 다양성이 모두 하나의 원시적인 조상에서 유래했다는 사실이 떠오른다. 진화는 화학에서도 일어났으며 원소들의 이야기에 또 다른 측면을 제공한다. 다만 동물계와 다른 것은 최초의 조상이 여태껏 살아 있다는 점이다. 그것은 바로 수소로서 지금도 전 우주의 75퍼센트 이상을 차지한다. 다른 모든 원소들은 수소로부터 유래하는데, 여기에는 직접적인 경로와 간접적인 경로가 있다. 직접적 경로는 일부 원소들이 수소들의 핵융합 반응에서 바로 만들어지는 것을 가리키며, 간접적 경로는 수소들의 핵융합에서 만들어진 비교적 가벼운 원소들이 다시 핵융합을 일으켜 더욱 무거운 새로운 원소들을 만드는 것을 가리킨다. 이 천문학적 합성 과정의 일부는 빅뱅의 얼마 뒤에 일어났고, 나머지는 온 우주에 흩어진 별과 은하의 중심부에서 진행된다. 이 가운데 원자번호가 26인 철보다 무거운 원소들은 초신성 폭발과 같은 극렬한 조건에서 만들어진다.

원소와 주기율표에 대해 평생을 바쳐 공부하고 연구한 사람이라면

누구나 이에 대해 겸손과 자부를 함께 품게 된다. 따라서 사람의 가장 친한 친구인 원소들에 관한 이 유익한 책의 발간에 참여하게 된 것은 참으로 행복한 일이 아닐 수 없다.

반짝인다고 모두……

탄소는 수많은 동소체(allotrope)로 존재하는데
가장 흔한 것은 그다지 매력적이지 않은 흑연이다.
하지만 그중 한 모습인 다이아몬드는 엄청난 갈망의 대상이다.

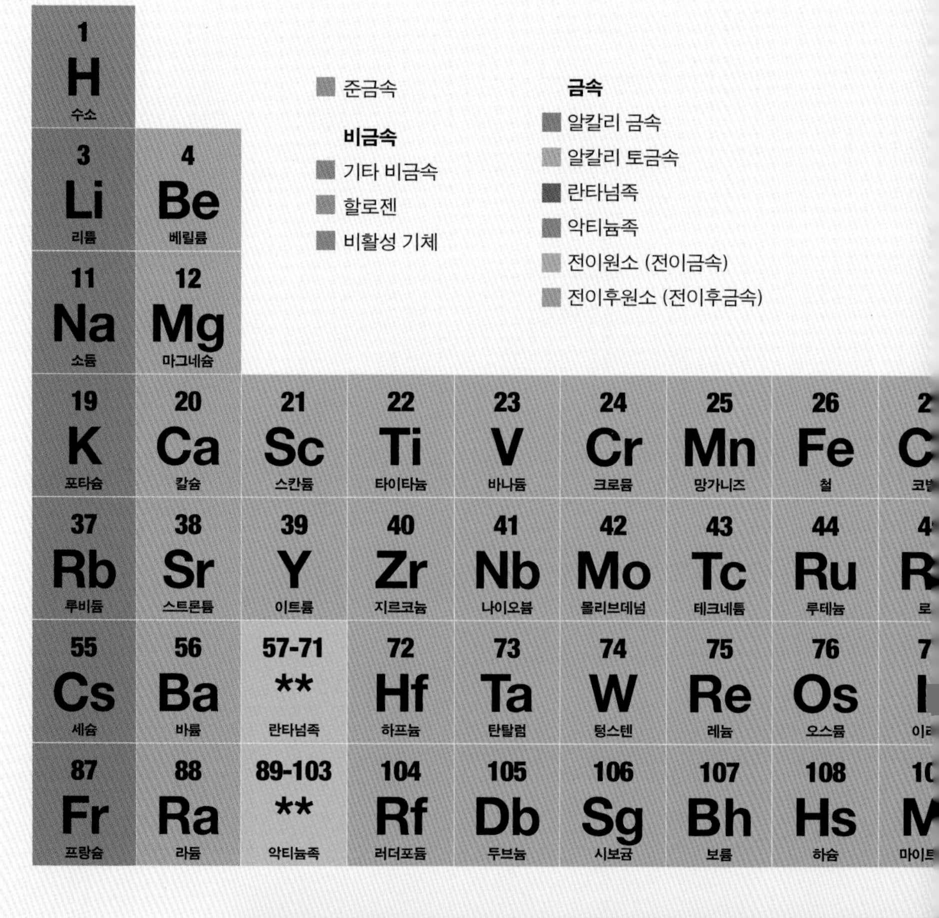

주기율표 원자번호와 전자 배치 및 반복되는 화학적 성질에 근거하여 만들어졌다. 이 표의 가로행들은 주기(period), 세로열들은 족(group)이라고 부른다. 1869년에 처음 제안된 것에 수록된 원소는 60개에 불과했지만 이후 계속된 발견으로 오늘날에는 118개에 이른다.

								2 He 헬륨
			5 B 붕소	6 C 탄소	7 N 질소	8 O 산소	9 F 플루오린	10 Ne 네온
			13 Al 알루미늄	14 Si 규소	15 P 인	16 S 황	17 Cl 염소	18 Ar 아르곤
8 i 켈	29 Cu 구리	30 Zn 아연	31 Ga 갈륨	32 Ge 저마늄	33 As 비소	34 Se 셀레늄	35 Br 브로민	36 Kr 크립톤
6 d 라듐	47 Ag 은	48 Cd 카드뮴	49 In 인듐	50 Sn 주석	51 Sb 안티모니	52 Te 텔루륨	53 I 아이오딘	54 Xe 제논
8 t 금	79 Au 금	80 Hg 수은	81 Tl 탈륨	82 Pb 납	83 Bi 비스무트	84 Po 폴로늄	85 At 아스타틴	86 Rn 라돈
10 s 슈타튬	111 Rg 뢴트게늄	112 Cn 코페르니슘	113 Nh 니호늄	114 Fl 플레로븀	115 Mc 모스코븀	116 Lv 리버모륨	117 Ts 테네신	118 Og 오가네손

4 d 리늄	65 Tb 터븀	66 Dy 디스프로슘	67 Ho 홀뮴	68 Er 어븀	69 Tm 툴륨	70 Yb 이터븀	71 Lu 루테튬
6 m 륨	97 Bk 버클륨	98 Cf 캘리포늄	99 Es 아인슈타이늄	100 Fm 페르뮴	101 Md 멘델레븀	102 No 노벨륨	103 Lr 로렌슘

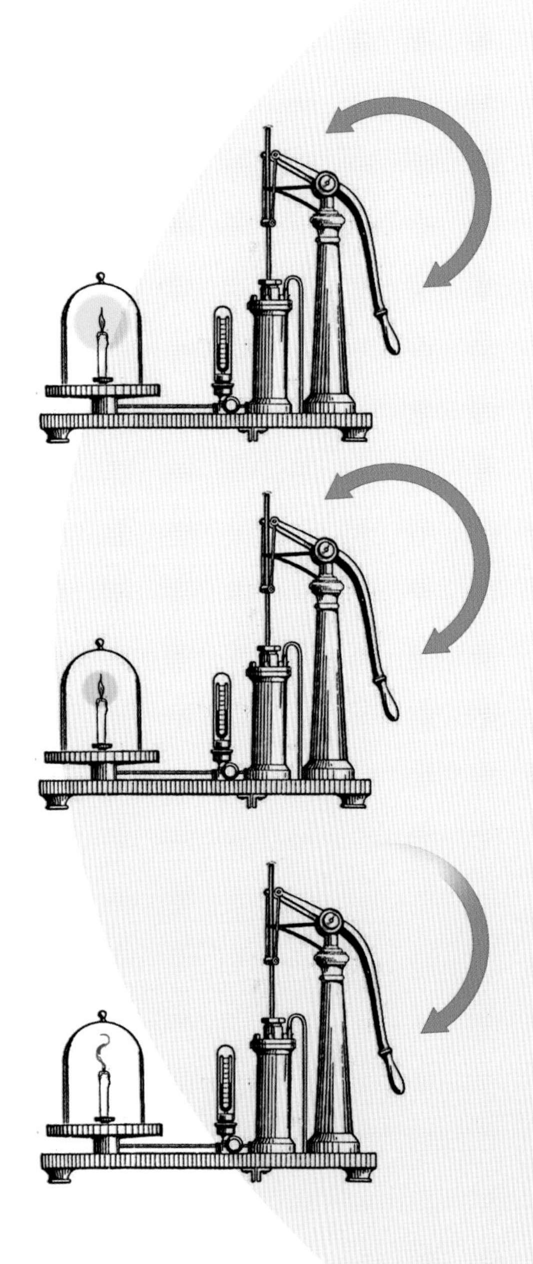

차례

알칼리 금속과 알칼리 토금속

알칼리 금속과 알칼리 토금속
용어해설

동위원소 원자핵에 있는 양성자의 개수는 같고 중성자의 개수만 다른 원소들. 자연적으로 존재하는 것들도 있고 인공적으로 만든 것들도 있다. 자연적인 동위원소(isotope)들은 안정하거나 불안정하며, 불안정한 것들을 방사성 동위원소라고 부른다. 방사성 동위원소의 원자핵은 스스로 쪼개지면서 방사능을 방출하는데, 이처럼 원자핵이 쪼개지는 현상을 붕괴라고 부른다. 인공적인 동위원소는 모두 방사성이다.

마법수 특히 안정한 원자의 핵에 들어 있는 양성자나 중성자의 개수. 2, 8, 20, 28, 50, 82가 그 예이며, 114, 126, 184도 가능성이 있다. 양성자와 중성자의 개수가 모두 마법수일 경우 이중마법수라고 부른다.

반감기 방사성 원소는 핵이 불안정하여 스스로 붕괴하는 원소를 가리키는데, 그 원자들의 집단에서 절반이 붕괴하는 데 걸리는 시간을 반감기(half-life)라고 한다(예를 들어 100개의 원자가 있을 때 50개가 붕괴하는 데에 걸리는 시간 – 옮긴이). 반감기는 방사성 원소의 안정성을 나타내는 지표이다.

반응 원자나 분자들이 상호 작용을 통해 새로운 물질을 만드는 과정. 원자들 사이의 전자들이 이동하여 화학 결합이 끊어지거나 새로이 결합하는 과정을 거쳐 일어난다.

반응성 원자나 분자들이 화학 반응을 얼마나 잘 일으키는지를 가리키는 용어. 어떤 물질이 다른 물질과 쉽고 빠르게(어렵고 느리게) 반응하면 반응성(reactivity)이 크다 또는 높다(작다 또는 낮다)고 말한다.

방출 스펙트럼 원자가 가열되었을 때 방출되는 빛의 스펙트럼. 과학자들은 이를 이용하여 어떤 물질에 포함된 원소들을 가려낸다. 예를 들어 철강 산업에서는 합금을 이루는 각각의 금속을 알아내며, 천문학자들은 머나먼 별이나 은하에 존재하는 원소들을 밝혀낸다.

분자 원자들이 공유 결합으로 엮여 만들어진 물질. 공유 결합은 분자(molecule) 안의 원자들이 각자의 전자를 서로 공유하면서 형성되는 결합을 가리킨다.

수화(hydrous) 물의 함유. 물을 함유한 화합물은 수화물, 함유하지 않은 화합물은 무수화물이라고 부른다.

알칼리 금속과 알칼리 토금속 주기율표의 1족과 2족에 있는 원소들이다. 1족의 알칼리 금속들은 은빛의 무른 금속들로 칼로 자를 수 있다. 이들 모두는 최외각(맨 바깥의 전자껍질)에 전자가 하나만 있으며 반응성이 매우 크다.

2족의 알칼리 토금속들도 은빛을 띠는데, 최외각에 있는 전자가 둘이어서 반응성은 알칼리 금속들보다 작다. 또한 알칼리 금속들보다 녹는점과 끓는점이 더 높다.

알칼리 금속

	원소기호	원자번호
리튬	Li	3
소듐(나트륨)	Na	11
포타슘(칼륨)	K	19
루비듐	Rb	37
세슘	Cs	55
프랑슘	Fr	87

알칼리 토금속

	원소기호	원자번호
베릴륨	Be	4
마그네슘	Mg	12
칼슘	Ca	20
스트론튬	Sr	38
바륨	Ba	56
라듐	Ra	88

원자 물질의 단위. 원자(atom)의 중앙에 있는 원자핵은 양전하를 띤 양성자와 전하를 띠지 않은 중성자가 뭉쳐진 것이다. 원자는 이러한 핵 및 핵을 감싸고 있는 전자로 이루어져 있으며, 중성의 원자에서 양성자의 수와 전자의 수는 같다.

원자번호 원자핵 안에 있는 양성자의 개수.

이온(ion) 원자가 전자를 잃거나 얻어서 생기는 물질. 잃은 것은 양이온, 얻은 것은 음이온이라고 부른다.

전자껍질 핵을 감싸고 있는 전자는 에너지 준위에 따라 배치되어 있는데, 이 준위를 전자껍질(electron shell) 또는 오비탈(orbital)이라고 부른다. 원자의 화학적 성질은 주로 맨 바깥 껍질(들)에 있는 전자의 개수에 의해 결정된다.

질량수

원자핵 안에 있는 양성자와 중성자의 개수를 더한 수. 양성자와 중성자를 통틀어 핵자(nucleon)라고 부르며, 따라서 질량수(mass number)는 때로 핵자수(nucleon number)라고도 부른다.

11
Na

소듐(나트륨)

SODIUM(NATRIUM)

30초 저자
브라이언 클렉

은빛의 무른 이 알칼리 금속은 높은 반응성으로 잘 알려져 있다. 소듐의 작은 조각을 물에 넣으면 "쉬익" 소리를 내며 격렬히 반응하여 수산화소듐과 수소로 바뀌면서 많은 열을 내놓는다. 이처럼 극적인 행동에도 불구하고 그 이름은 이를 함유한 사뭇 차분한 염에서 유래했다〔염(salt)은 널리 '산+염기 → 염+물'의 중화 반응에서 나오는 염을 가리키며 소금은 그 대표적인 예다 – 옮긴이〕. 소듐이란 말은 소다(soda)에서 나왔는데, 여기의 소다는 탄산음료가 아니라 탄산소다(탄산나트륨)를 가리킨다. 탄산소다는 알칼리성(염기성)의 물질로 옛날에는 흔히 식물이 타고 남은 재에서 얻었다. 소다의 어원은 두통을 뜻하는 아랍어 수다(suda)인데, 이는 소다가 두통약으로 널리 쓰였기 때문이다. 소듐의 원소기호인 Na는 나트륨(natrium)에서 따온 것이며, 이는 다시 나트론(natron)에서 유래했는데, 나트론은 수화 탄산소다를 뜻하는 세탁 소다의 옛 이름이다. 일상적으로 우리는 일부 가로등의 노란 불빛에서 소듐을 만나게 된다. 이 빛은 뜨겁게 가열된 소듐 증기의 강한 방출 스펙트럼이 그 원천이다. 하지만 소듐을 함유한 가장 낯익은 예는 역시 식용 소금(염화나트륨)이다. 소듐은 사람을 비롯한 수많은 생물에게 아주 중요하다. 그 주된 역할의 예로는 혈압 조절과 세포막 안팎의 전위차 유지를 들 수 있는데, 후자는 신경 세포인 뉴런이 자극을 전달하는 데 필수적이다. 오늘날 우리의 음식에는 소듐이 너무 많이 들어가는 경향이 있다. 그 때문에 혈압이 높아지고, 이와 관련된 여러 가지의 건강 문제가 발생한다.

관련 원소
포타슘(칼륨. K 19)
21쪽
프랑슘(Fr 87)
23쪽

3초 인물 소개
험프리 데이비
1778~1829
소듐을 처음으로 분리한 영국의 화학자.

왼스 야콥 베르셀리우스
1779~1848
소듐의 원소기호를 Na로 삼은 스웨덴의 화학자.

3초 배경
원소기호: Na
원자번호: 11
어원: 소다(soda)와 금속을 나타내는 어미 '-ium'의 조합에서 유래.

3분 반응
소금에 들어 있는 소듐은 본래 규산소다와 탄산소다를 함유한 암석이 빗물과 강물에 씻기거나 바다의 파도에 쓸리면서 녹아 나온 것이다. 자연에서 소듐은 원소 단독으로는 존재하지 않지만 수많은 광물에서 발견된다. 이에 따라 지각을 이루는 원소들 가운데 여섯 번째로 풍부하며, 무게로는 지각의 2.6퍼센트를 차지한다. 소듐의 높은 반응성은 최외각에 있는 하나의 전자를 매우 쉽게 내놓는 성질에서 유래한다.

소듐은 혈압을 조절하며 가로등의 독특한 노란빛을 방출하는데, 이를 함유한 가장 낯익은 물질은 소금(염화나트륨)이다.

19
K

포타슘(칼륨)

POTASSIUM(KALIUM)

30초 저자
존 엠슬리

포타슘은 은빛의 무른 알칼리 금속으로 1807년 영국의 화학자 험프리 데이비에 의해 처음으로 분리되었다. 포타슘은 반응성이 너무 커서 금속 자체로는 거의 쓸모가 없지만 그 염들은 중요하다. 수 세기 동안 질산칼륨(초석)과 탄산칼륨(칼리)과 황산알루미늄칼륨(백반)은 각각 화약과 비누와 염색 분야에서 널리 쓰여왔다. 오늘날 타타르산나트륨칼륨은 베이킹파우더, 아황산수소칼륨은 포도주에 남은 효모의 성장 억제제, 벤조산칼륨은 식품 보존제로 쓰인다. 모든 비료에는 포타슘이 들어 있으며 주로 염화칼륨을 함유한 칼리암염에서 얻어지는데, 매년 약 3,500만 톤이라는 엄청난 양이 채굴된다. 포타슘은 세제, 유리, 제약 등에서 쓰이며, 때로 정맥 주사로 몸에 투여하기도 한다. 포타슘 금속으로는 매년 200톤가량 생산되며, 대부분 과산화칼륨으로 변환된다. 과산화칼륨은 잠수함이나 우주선에서 공기 중의 산소가 부족할 때 이를 공급하는 데 쓰인다. 이때 과산화칼륨은 공기 중의 이산화탄소와 반응하여 산소를 내놓고 탄산칼륨으로 바뀐다. 포타슘은 소듐과 함께 신경계의 작용에서 핵심적인 역할을 하므로 생물이 살아가는 데 필수적이다. 포타슘은 땅콩이나 바나나 등에 많이 함유되어 있다.

관련 원소

소듐(나트륨, Na 11)
19쪽
루비듐(Rb 37)
17쪽
세슘(Cs 55)
17쪽

3초 인물 소개

험프리 데이비
1778~1829
전기분해법으로 포타슘을 처음으로 분리한 영국의 화학자.

유스투스 폰 리비히
1803~1873
독일의 화학자로 1840년 포타슘이 식물에게 필수적임을 밝혔다.

3초 배경
원소기호: K
원자번호: 19
어원: 칼륨을 뜻하는 포타쉬(potash)에서 유래.

3분 반응
포타슘은 주기율표의 1족에 있는 알칼리 금속이다. 반응성이 매우 커서 언제나 전하를 띤 K^+ 이온으로 존재한다. 포타슘 금속을 물에 떨어뜨리면 격렬히 반응하여 수소를 내놓는데, 이 수소는 라일락 색깔의 불꽃을 내며 탄다. 대부분의 포타슘은 질량수가 39이지만 약 0.01퍼센트는 40이다. 질량수가 40인 포타슘은 방사성이어서 붕괴되어 아르곤으로 변하는데, 이게 바로 대기 중에 1퍼센트가량 존재하는 아르곤의 원천이다.

포타슘은 물과 격렬히 반응하는데, 세제와 유리를 통해 잘 알려져 있으며, 과산화칼륨은 잠수함의 공기 순환에서 핵심적 역할을 한다.

87
Fr

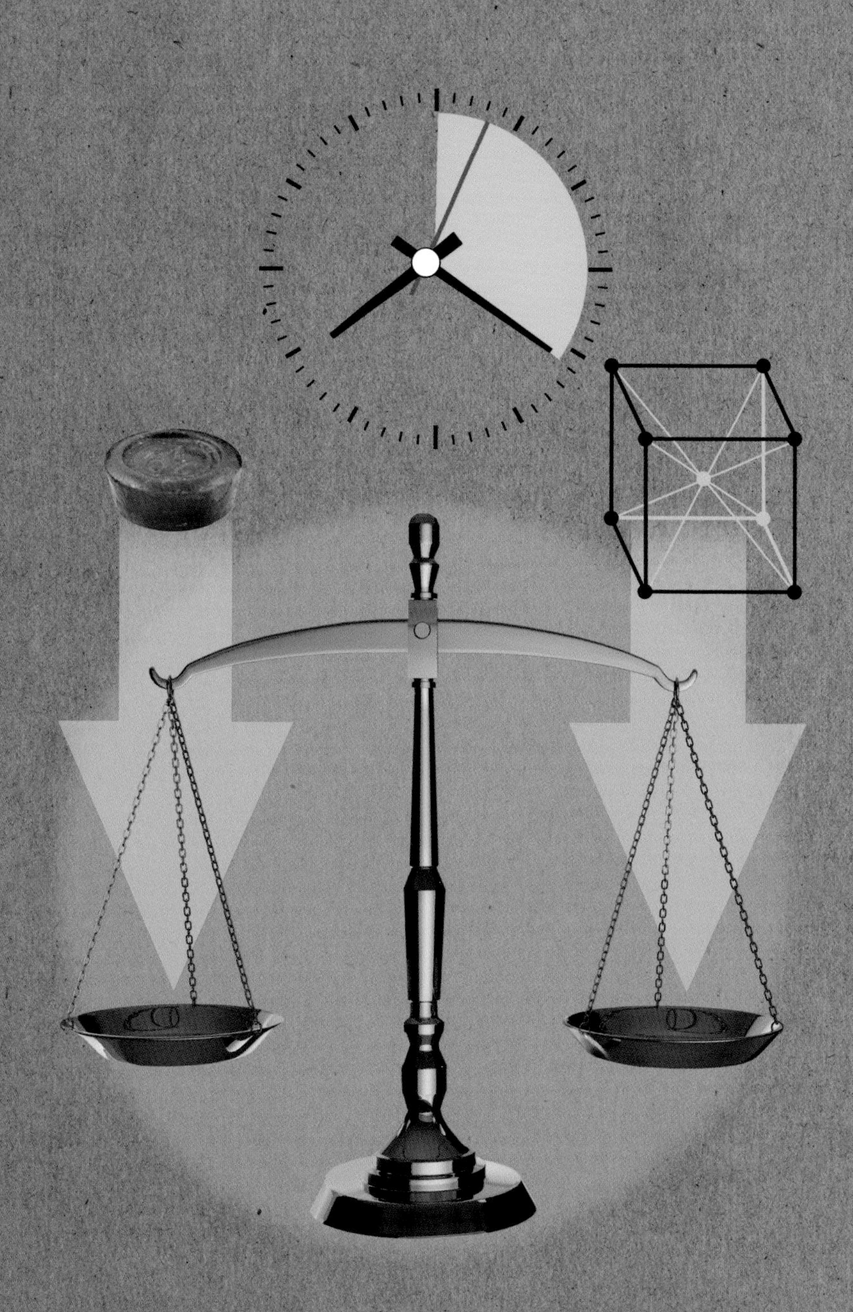

프랑슘

FRANCIUM

30초 저자

에릭 셰리

원자번호 87의 원소는 러시아의 화학자 드미트리 멘델레예프가 1871년에 존재한다고 예언하면서 잠정적으로 '에카세슘'이라고 불렀다. 이후 많은 과학자들이 방사능이 없는 원료들에서 이 원소를 발견하려고 노력했지만 모두 실패로 돌아갔다. 최초의 발견은 마리 퀴리의 연구실에서 실험 조수로 일했던 프랑스의 여류 과학자 마게리트 페레에 의해 이루어졌다. 페레는 방사성 화합물을 처리하여 분리하는 데 뛰어났기 때문에 원자번호 89의 악티늄을 점검하는 임무를 맡았다. 그녀는 파생된 원소가 아닌 악티늄 자체가 방사성이란 점을 최초로 발견하기도 했는데, 이 과정에서 반감기가 21분인 새로운 원소까지 찾아냈다. 1946년에 이 새 원소의 이름을 지어달라는 요청을 받은 그녀는 자신의 조국을 기려 '프랑슘'이라고 불렀다. 프랑슘은 자연에서 발견된 마지막 원소인데 상업적인 용도는 없다. 하지만 최외각에 하나의 전자만 가진 아주 큰 원자라는 점 때문에 원자물리학자들의 연구에 적합하다. 미국의 한 연구팀은 30만 개의 프랑슘 원자를 모아 몇 가지의 중요한 실험을 하기도 했다.

관련 원소

소듐(나트륨. Na 11)
19쪽

포타슘(칼륨. K 10)
21쪽

3초 인물 소개

프레드 앨리슨
1882~1974
미국의 물리학자인 그는 원자번호 87의 원소를 분리해냈다고 믿고서 이를 토대로 많은 논문을 썼다.

호리아 훌루베이
1895~1972
루마니아의 물리학자인 그도 원자번호 87의 원소를 분리해냈다고 믿었다.

마게리트 페레
1909~1975
프랑스의 화학자인 그녀는 자연에서 마지막으로 발견된 원소인 프랑슘의 진정한 발견자이다.

3초 배경

원소기호: Fr

원자번호: 87

어원: 발견자의 조국 프랑스에서 따왔다.

3분 반응

프랑슘과 관련된 핵심적인 관심은 무극자 모멘트(anapole moment)의 정확한 측정에 있는데, 이는 물리학자들이 전자기력과 약력을 통합하기 위해 이론적으로 예언한 새로운 효과이다. 무극자라는 이름은 기존의 전자기학에 나오는 쌍극자 등과 달리 극이 없다는 것을 나타낸다.

프랑슘은 지각 전체에 30그램밖에 없다고 알려져 있지만 반감기가 21분으로 비교적 길다는 점은 과학적 연구에 아주 소중하다.

834년 2월 8일
시베리아의 토볼스크 부근에서
출생

1855년
크림 반도의 심페로폴에 있는
제1김나지움에서 교사로
근무하다

1859~1861년
하이델베르크에서 액체의
모세관 현상을 연구하다

864년
상트페테르부르크의 기술
연구소에 근무하다

865년
상트페테르부르크대학교의
화학 강사로 근무하다

865년
물과 알코올의 결합에
대하여"라는 제목의 학위 논문
발표하다

868~1870년
화학의 원리』 전 2권을
저술하고 발간하다

1869년
"원소의 원자량과 물성들
사이의 관계"라는 제목의
논문을 러시아 화학회에
제출하다(원자량은 원자의
질량을 가리키며 대략적으로는
질량수와 비슷하다－옮긴이)

1882년
안나 포포바와 결혼했으며
첫 부인 페오즈바 레쉬체바와의
이혼은 한 달 뒤에 승인되다

1890년
상트페테르부르크대학교를
사직하다

1893년
도량형국 총재로 취임하다

1905년
영국왕립학회에서 코플리상을
받다

1906년
노벨상 후보로 지명되었으나
받지는 못하다

1907년 2월 2일
상트페테르부르크에서
독감으로 사망

드미트리 이바노비치 멘델레예프

주기율표는 러시아의 화학자이자 교수이자 공직자였던 드미트리 멘델레예프의 지적 산물이었다. 그는 용액과 기체에 대한 연구 및 액체에 대한 열의 효과 등의 선도적 연구를 했고 조국 러시아에서 새로이 떠오르는 석유 산업에 기여하기도 했다. 하지만 그의 이름은 주기율표를 만들고 새로운 원소의 존재를 예언하는 데 이를 이용했다는 업적으로 가장 먼저 떠올려질 것이고 또한 가장 중요하게 기억될 것이다.

멘델레예프 무려 17명이나 되는 자녀들 가운데 막내로 태어났는데 그중 셋은 세례를 받기도 전에 세상을 떴다. 그는 상트페테르부르크와 하이델베르크에서 공부했으며, 1860년대 초에 상트페테르부르크의 기술 연구소에서 자리를 잡았고, 얼마 뒤에는 상트페테르부르크대학교의 교수가 되었다. 교수로 지내면서 그는 무기화학 분야의 탁월한 교재가 된 『화학의 원리』 전 2권을 펴냈는데, 이를 저술하는 동안 그때까지 알려졌던 65가지의 원소들을 원자량과 원자가(어떤 원자가 다른 원자와 이루는 화학 결합의 수 - 옮긴이)를 기준으로 배열하여 차츰 체계적인 표를 만들어갔다. 이때 많은 원소들이 규칙적으로 자리를 잡아가는 현상을 본 그는 주기율이라는 관념을 제시했다. 하지만 몇몇 자리가 적절히 채워지지 않는다는 사실을 깨달은 그는 아직 발견되지 않은 원소들이 있다는 예언을 내놓았다.

멘델레예프는 이러한 발견을 1869년에 "원소의 원자량과 물성들 사이의 관계"라는 제목의 논문으로 꾸며 러시아 화학회에 제출했다. 그는 영국의 화학자 존 뉴랜즈(John Newlands, 1837~1898)와 독일의 화학자 로타르 마이어(Lothar Meyer, 1830~1895)가 1860년대에 비슷한 연구를 했다는 사실을 알지 못했다고 주장했는데, 특히 마이어는 주기율의 업적으로 유명하다. 게다가 그의 논문이 발표된 시점도 논란의 여지가 있다. 다채로운 성격의 소유자인 멘델레예프는 중혼의 스캔들에 휩싸이기도 했다. 그는 1882년에 안나 포포바와 결혼했는데, 당시 러시아의 법에 따르면 이혼한 사람은 7년이 지난 뒤에야 결혼할 수 있었기 때문이었다.

드높은 학문적 업적으로 널리 칭송을 받았음에도 불구하고 멘델레예프는 학생 운동에 대한 정부의 탄압에 반대했던 탓에 1890년에 대학을 물러나야 했다. 3년 뒤 그는 도량형국의 총재로 취임했고 남은 경력은 여기서 마쳤는데, 이때의 주된 업적으로는 보드카 생산의 표준화가 눈길을 끈다. 1905년 영국의 왕립 학회는 영예로운 코플리상을 수여했고, 1906년에는 노벨 화학상 후보로 지명되었다. 하지만 학문적 라이벌들의 교묘한 술책 때문에 노벨상을 받지 못했고 이듬해에 세상을 떴다. 1955년에 처음 합성된 원자번호 101의 원소는 그를 기려 멘델레븀(mendelevium)으로 명명되었다.

12
Mg

마그네슘

MAGNESIUM

30초 저자
존 엠슬리

은빛 금속인 마그네슘은 가벼우면서도 강하여, 철과 알루미늄에 이어 세 번째로 많이 쓰이는 금속이다. 알루미늄에 몇 퍼센트의 마그네슘을 섞으면 부식에 강해지고 용접이 쉬워진다. 이 합금은 자전거, 차와 비행기의 좌석, 가벼운 짐 가방, 잔디 깎는 기계, 공구 등에 널리 쓰인다. 마그네슘은 밝은 빛을 내면서 타며, 이 때문에 사진 찍을 때의 조명으로 쓰이기도 했는데, 가장 악명이 높은 예로는 제2차 세계대전에서 소이탄으로 투하된 것을 들 수 있다. 마그네슘을 함유한 대표적인 광물은 백운석과 마그네사이트로 주성분은 탄산마그네슘이며 매년 수백만 톤이 채굴된다. 백운석은 신식 창틀에 많이 끼우는 플로트 유리의 제조에 쓰인다. 마그네사이트는 가열하면 산화물이 되며, 이는 비료나 소에게 먹이는 사료에 첨가되고, 높은 온도를 견디는 내화 벽돌에 제조에도 쓰인다. 마그네슘은 광합성을 통해 이산화탄소를 포도당으로 바꾸는 엽록소 분자의 핵심적 원소이다. 또한 우리가 필수적으로 섭취해야 할 원소이기도 한데, 통상적으로 우리 몸에는 약 3년 분량의 마그네슘이 비축되어 있다. 음식물 중에는 견과류, 콩, 파스닙(parsnip), 겨, 초콜릿 등에 많다. 바닷물에도 비교적 많이 들어 있는데, 이는 오랜 세월 동안 지각의 광물들에서 녹아들어 간 것이다.

관련 원소
칼슘(Ca 20)
29쪽
스트론튬(Sr 38)
17쪽

3초 인물 소개

조제프 블랙
1728~1799
프랑스 출생의 스코틀랜드 화학자로 1755년 마그네시아(산화마그네슘)가 석회석(산화칼슘)과 다르다는 점을 밝혀냈다.

험프리 데이비
1778~1829
영국의 화학자로 1808년 전기분해법으로 마그네슘 금속을 처음 얻어냈다.

3초 배경
원소기호: Mg
원자번호: 12
어원: 고대 그리스의 도시 이름인 마그네시아(Magnesia)에서 유래.

3분 반응
마그네슘의 밀도는 1.7로, 7.9인 철보다 훨씬 가볍고, 심지어 2.7인 알루미늄보다 더 가볍다. 연소는 아주 격렬하여 한 번 불붙으면 끄기가 거의 불가능하다. 마그네슘은 산소는 물론 질소와도 반응하는데, 후자의 경우 질화마그네슘이 만들어지며, 이 반응도 끄기가 어렵다.

마그네슘은 예전에 사진 찍을 때의 조명으로 쓰인 점으로 우리에게 친숙하고, 알루미늄과의 합금은 자전거의 재질로 최적인데, Mg^{2+} 이온으로 있을 때 가장 안정하다.

20
Ca

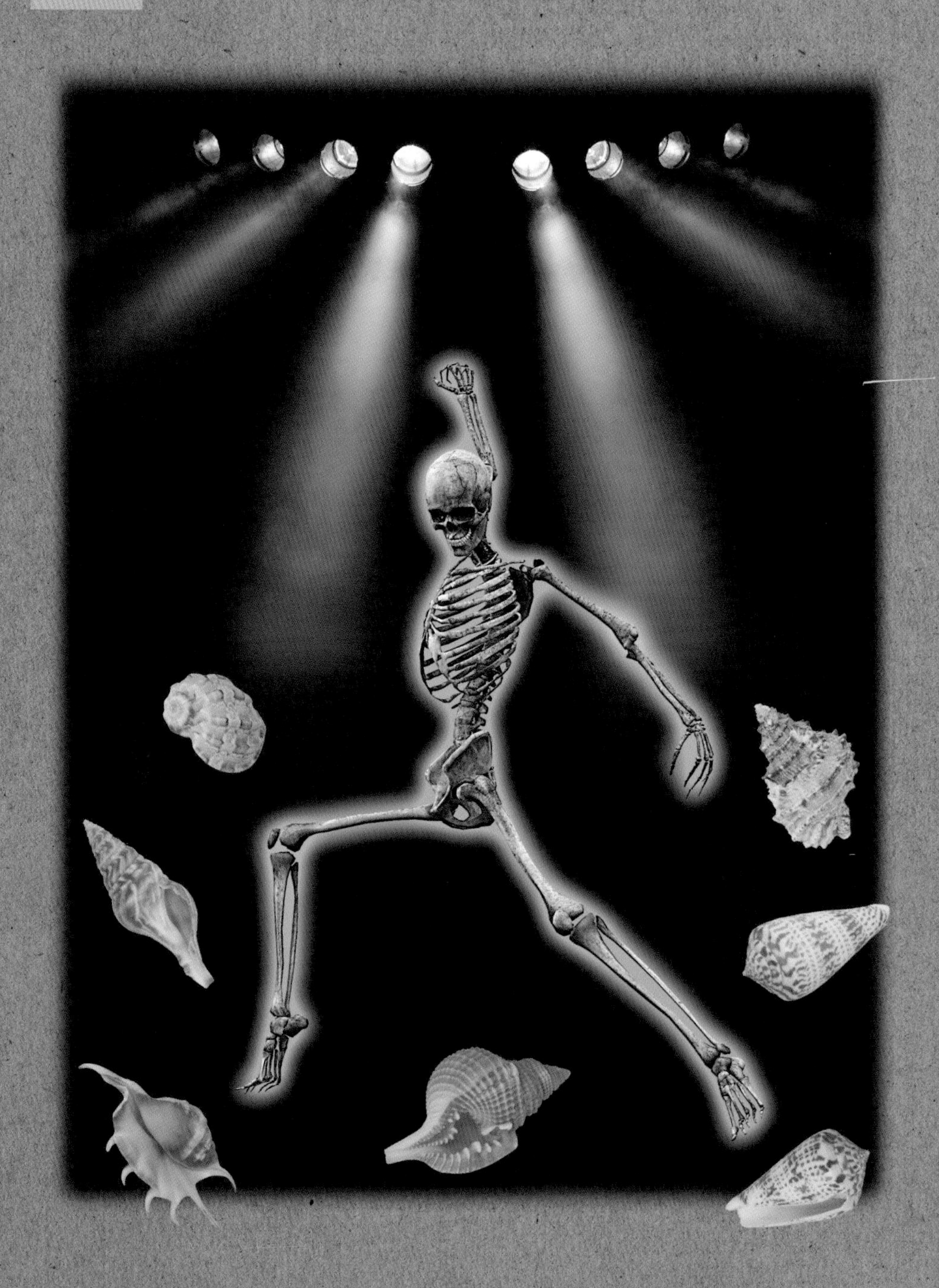

칼슘

CALCIUM

칼슘은 은빛을 띤 하얀 금속으로 사뭇 연한데, 반응성이 너무 커서 순수한 원소로 발견되기는 어렵다. 1808년 영국의 화학자 험프리 데이비가 처음 분리했다. 지각에는 알루미늄 다음으로 풍부하게 존재한다. 몇 억 년이 넘도록 헤아릴 수 없이 많은 바다생물과 일부 육상생물이 이를 탄산칼슘으로 바꾸어 몸을 보호하는 껍질로 만들어 살아왔는데, 이들의 잔해가 해저에 가라앉아 굳어서 석회암 지층을 이루었다. 지각 변동으로 해저가 솟아올라 땅이 되면 빗물 속의 탄산에 천천히 녹아서 바다로 들어가며, 이러한 순환 덕분에 대기 중의 이산화탄소는 일정한 농도로 유지된다. 석회암 토양은 알칼리성이고, 이를 좋아하는 식물들의 차지가 된다. 인산칼슘은 동물의 뼈와 이빨의 성분이며, 여러 가지의 생리 작용에 이용된다. 고대부터 인류는 칼슘 화합물을 활용할 줄 알았다. 일찍이 기원전 4,000년 무렵에 이집트인들은 석회암을 구워 석회로 만들어서 건물의 짓는 데에 썼다. 건조한 기후에서 황산칼슘은 석고가 되며, 지금도 이는 회반죽을 만드는 데 쓰인다. 1823년에 영국의 기술자 골드워시 거니는 석회에 수소 불꽃을 내뿜으면 강하게 빛나는 석회광이 나온다는 사실을 발견했는데, 이는 한동안 무대 조명에 널리 쓰였다.

관련 원소

마그네슘(Mg 12)
27쪽

플레로븀(Fl 114)
153쪽

3초 인물 소개

험프리 데이비
1778~1829
칼슘을 비롯한 다른 5가지의 원소를 처음으로 분리한 영국의 화학자. 탄광에서 쓰는 안전등의 발명자로도 유명하다.

골드워시 거니
1793~1875
영국의 기술자이자 발명가로 석회광 외에도 증기를 이용한 차량과 환기 장치를 개발하는 데 앞장섰다.

30초 저자
필립 스튜어트

3초 배경
원소기호: Ca
원자번호: 20
어원: 석회를 뜻하는 라틴어 칼크스(calx)에서 유래.

3분 반응
칼슘은 동일한 개수의 양성자와 중성자로 이루어진 안정한 동위원소를 가진 원소로서는 가장 무거운 원소이다. 이 동위원소의 질량수는 40이고, 양성자와 중성자는 각각 20개이다. 핵물리학의 이론에 따르면 20은 마법수의 하나이며, 칼슘은 양성자와 중성자의 개수가 모두 마법수인 4가지 원소들 가운데 하나다. 특히 칼슘은 이중마법수를 이중으로 가진 유일한 원소이다. 그 다른 동위원소는 중성자의 개수가 28이므로 질량수는 48이다.

칼슘은 뼈와 이빨을 만들고 유지하는 데 쓰이므로 우리 몸의 기능을 발휘하는 데 필수적인 원소이다. 또한 근육과 피와 신경계에서도 중요하다.

88
Ra

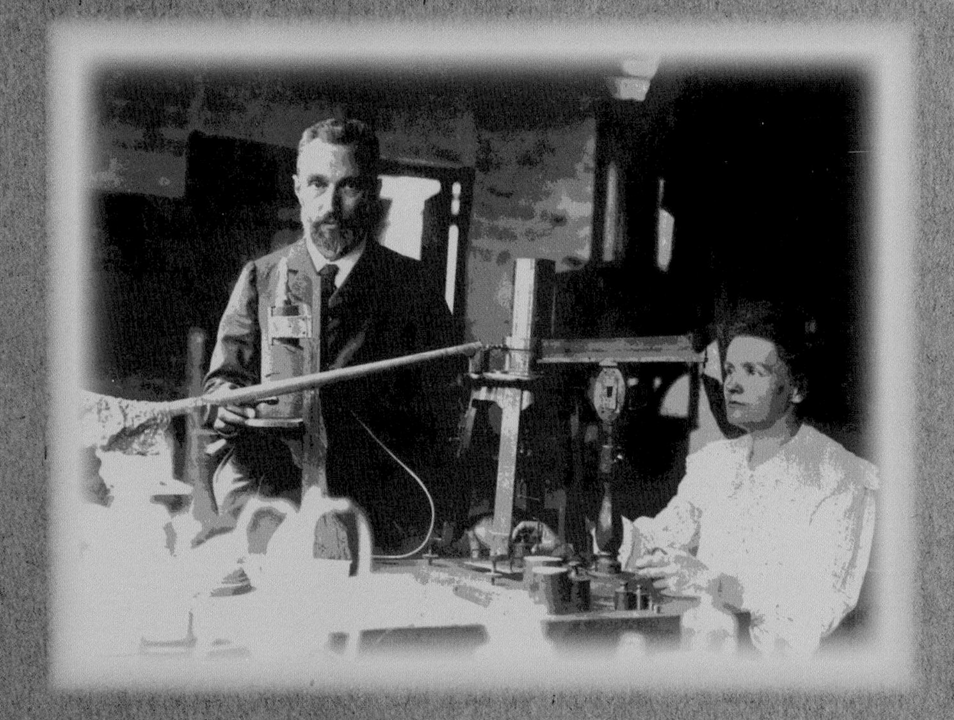

라듐

RADIUM

30초 저자
브라이언 클렉

알칼리 토금속의 하나인 라듐은 자연에서 발견되는 것들 중 방사성이 가장 강한 원소다. 라듐은 1902년 폴란드 출생의 프랑스 여류 과학자 마리 퀴리와 그녀의 남편 피에르 퀴리에 의해 처음 분리되었다. 이들은 우라늄과 라듐이 들어 있는 역청우란광에서 우라늄을 추출하고 남은 찌꺼기를 처리하여 라듐을 얻어냈는데, 이는 몇 달 동안의 힘든 노력이 소요되는 어려운 작업이었다. 실제로 퀴리 부부는 수 톤의 찌꺼기로부터 겨우 0.1그램의 라듐을 얻어냈을 뿐이었다. 이 새 원소를 다룰 때 피부가 화상을 입을 수 있다는 사실을 발견한 퀴리 부부와 의료 팀들은 이를 암 세포의 파괴에 쓸 수 있음을 깨달았다. 이 '퀴리 요법'은 방사능을 암의 치료에 활용한 최초의 사례이며, 현대적인 방사능 치료법의 실마리가 되었다. 으스스한 푸른빛을 내는 라듐은 자연적인 에너지의 원천으로 여겨져 이후 치약에서 발모제에 이르기까지 수많은 곳에 투입되었다. 또한 시곗바늘에 바르는 발광 도료에도 널리 쓰였는데, 차츰 이 일에 종사하던 여자들 사이에서 빈혈과 암이 발생하기 시작했다. 이 작업자들은 도료를 바르는 붓을 혀로 핥아서 그 끝을 뾰족하게 가다듬곤 했으며, 이 과정에서 방사능 물질이 흡수되었고, 결국 100명 이상의 사람들이 이로 인해 목숨을 잃었다. 재생 불량성 빈혈로 세상을 뜬 마리 퀴리 자신의 사인도 방사능임이 거의 확실한데, 심지어 오늘날에도 그녀가 남긴 연구 노트는 납 상자에 보관하고, 열람할 때는 방사능 차단복을 입도록 하고 있다.

관련 원소
폴로늄(Po 84)
115쪽
우라늄(U 92)
45쪽

3초 인물 소개

피에르 퀴리
1859~1906
마리 퀴리와 함께 라듐을 발견한 프랑스의 화학자.

마리 퀴리
1867~1934
라듐을 처음 분리한 폴란드 출생의 프랑스 화학자.

존 제이콥 리빙굳
1903~1986
1936년에 라듐을 처음 인공적으로 합성한 미국의 화학자.

높은 방사능을 가진 라듐은 시곗바늘의 발광제와 모발 치료제에 투입되었을 뿐 아니라 돌팔이 의사들이 조제하여 불법적으로 판매하는 음료들에 쓰이기도 했다.

3초 배경
원소기호: Ra
원자번호: 88
어원: 방사를 뜻하는 라틴어 라디우스(radius)에서 유래.

3분 반응
라듐의 천연 동위원소에는 4가지가 있으며, 핵 속에 있는 중성자의 수에 따라 질량수는 223부터 228 사이에 분포하는데, 이 밖에도 인공적으로 만든 동위원소들이 아주 많다. 천연 동위원소들의 반감기는 11.4일에서 1,600년에 이르고, 대부분 알파 입자를 방출하고 라돈으로 변한다. 라돈은 그 자신이 방사능을 가진 기체 원소이므로 라돈이 농축된 광물의 지반 위에 세워진 집에서 살 경우 암이 발생할 수 있다.

◐
희토류

희토류
용어해설

3가 이온 +3 또는 −3의 전하를 띤 이온.

동소체 하나의 원소가 서로 달리 존재하는 형태들. 예를 들어 흑연과 다이아몬드는 탄소의 동소체들이다.

딸 동위원소 방사성 붕괴로 인해 생겨난 원소. 이것을 만든 본래 원소는 부모 동위원소라고 부른다.

란타넘족(희토류)과 악티늄족 란타넘족은 처음에 드물게 발견되었기 때문에 희토류라는 이름이 붙여졌다. 하지만 이후 생각보다 풍부하다는 점이 알려져서 정확히 이야기할 경우에는 희토류라는 말을 쓰지 않고 란타넘족이라고 부르게 되었다. 란타넘족과 악티늄족은 주기율표에서 통상적인 배치와 별도로 아랫부분에 따로 두 줄의 칸으로 나타낸다. 이들 모두는 금속인데, 악티늄족은 모두 방사성인 반면 란타넘족은 프로메튬만이 방사성이다.

란타넘족

	원소기호	원자번호
란타넘	La	57
세륨	Ce	58
프라세오디뮴	Pr	59
네오디뮴	Nd	60
프로메튬	Pm	61
사마륨	Sm	62
유로퓸	Eu	63
가돌리늄	Gd	64
터븀	Tb	65
디스프로슘	Dy	66
홀뮴	Ho	67
어븀	Er	68
툴륨	Tm	69
이터븀	Yb	70
루테튬	Lu	71

악티늄족

	원소기호	원자번호
악티늄	Ac	89
토륨	Th	90
프로트악티늄	Pa	91
우라늄	U	92
넵투늄	Np	93
플루토늄	Pu	94
아메리슘	Am	95
퀴륨	Cm	96
버클륨	Bk	97
캘리포늄	Cf	98
아인슈타이늄	Es	99
페르뮴	Fm	100
멘델레븀	Md	101
노벨륨	No	102
로렌슘	Lr	103

원자가 원자의 결합력에 대한 척도로서 어떤 원자가 다른 원자와 이루는 화학 결합의 수로 나타낸다.

이온 교환 크로마토그래피 전하를 이용하여 화합물에 들어 있는 성분들을 분리하는 기술 또는 장비.

절대영도 -273.15℃(-459.67°F). 실제로는 얻을 수 없어서 이론적으로 연장하여 얻을 수 있는 가장 낮은 온도. 절대영도에서는 에너지가 너무 낮아 원자들의 운동이 거의 모두 멈춘다.

초우라늄 원소 양성자가 92개인 우라늄보다 더 많은 양성자를 가져서 원자번호가 우라늄보다 더 큰 원소들.

켈빈 영국의 과학자 윌리엄 톰슨이 절대영도를 기준으로 1848년에 만든 온도 체계의 단위. 톰슨은 나중에 기사 작위를 받아 켈빈 경(Lord Kelvin)으로 불리게 되었다. 온도의 크기는 섭씨온도와 같지만 출발점인 0K는 -273.15℃(-459.67°F)이다. 따라서 물의 어는점(0℃, 32°F)은 273.15K이고 끓는점(100℃, 212°F)은 373.15K이다.

핵분열 원자핵이 에너지를 방출하며 쪼개지는 현상. 원자폭탄과 원자력 발전소는 이렇게 발생한 에너지를 이용한다. 질량수가 각각 235와 239인 우라늄과 플루토늄의 동위원소가 주로 이용된다. 우라늄-235에 중성자를 충돌시키면 핵분열이 일어나 두 개의 작은 핵과 세 개의 중성자와 에너지를 내놓는다. 여기서 나온 중성자는 주변에 있는 다른 우라늄-235에 충돌하여 핵분열을 계속 일으키므로 이를 연쇄 반응이라고 부른다. 원자로에서는 연쇄 반응의 속도를 조절하여 폭발을 방지한다. 제2차 세계대전 말 일본의 히로시마와 나가사키에 원자폭탄이 투하되었는데 각각 우라늄과 플루토늄으로 만든 것이었다.

핵융합 두 개의 원자핵이 합쳐져 하나로 되는 현상. 핵분열과 마찬가지로 엄청난 에너지가 방출된다. 핵융합(nuclear fusion)은 빛나는 별들이 내뿜는 에너지의 원천이며, 우리의 태양에서는 수소의 원자핵들이 융합하여 헬륨을 만드는 과정이 주로 이루어진다. 1952년 11월 1일 미국은 아이비 마이크(Ivy Mike)라는 암호명으로 핵융합을 이용한 원자폭탄을 만들어 태평양의 에니위탁 환초(Enewetak Atoll)에서 폭발 실험을 하는 데 성공했다.

61
Pm
Hearing AID

프로메튬

PROMETHIUM

30초 저자
에릭 셰리

원자번호 61의 원소는 예전의 주기율표에 비어 있던 마지막 틈새였는데, 제2차 세계대전에서 추진되었던 맨해튼 계획에서 개발된 이온 교환 크로마토그래피에 의해 발견되었다. 고전적인 방법으로 이를 얻으려던 시도가 실패로 돌아갔던 이유는 단지 이 원소가 지각에 너무 적게 함유되어 있다는 것이었다. 1945년에 이 원소를 합성한 연구자들의 본래 목표는 이 원소가 아니었다. 결국 프로메튬이라고 이름 붙여진 이 원소는 방사능 실험에서 얻어진 동위원소들을 분류하는 과정에서 발견되었다. 프로메튬은 예외적으로 불안정하며 사실 란타넘족의 14가지 원소들 가운데 유일한 방사성 원소이다. 많은 자료들에 실린 내용과 달리 프로메튬은 소량이기는 하지만 인회석이나 역청우란광에서 자연적으로 생성된다. 프로메튬-147 동위원소는 베타 입자 외에 바람직하지 않은 다른 2차 방사선을 방출하지 않으므로 핵 전지로 많이 쓰인다. 핵 전지는 비싸지만 반감기가 10~20년 정도로 길어서 전통적인 화학 전지보다 훨씬 오래 쓸 수 있으므로 우주선, 보청기, 심장 박동 조율기 등의 전원으로 아주 이상적이다.

관련 원소
유로퓸(Eu 63)
39쪽
가돌리늄(Gd 64)
41쪽

3초 인물 소개

헨리 모슬리
1887~1915
주기율표에 원자번호 61의 원소가 빠져 있다는 사실을 처음 확인한 영국의 물리학자.

제이콥 마린스키,
1918~2005
로렌스 글렌데닌
1918~2008
프로메튬을 공동으로 발견한 미국의 화학자.

3초 배경
원소기호: Pm
원자번호: 61
어원: 신에게서 불을 훔쳐 인간에게 전한 그리스 신화의 프로메테우스(Prometheus)에서 유래.

3분 반응
군대와 우주선에서 많이 쓰이는 프로메튬 전지는 최근까지만 해도 꽤 크게 만들어졌다. 하지만 미주리대학교의 한 연구팀은 동전 크기에 사람의 머리카락 두께로 제작하는 데 성공했다. 이 전지는 전통적인 전지의 100만 배에 이르는 전하를 공급할 수 있다.

프로메튬 전지는
자주 교환하지 않아야 할 용도에 적합하다.
그런 예로는 심장 박동기와 우주선에 쓰는 경우를 들 수 있다.

63

Eu

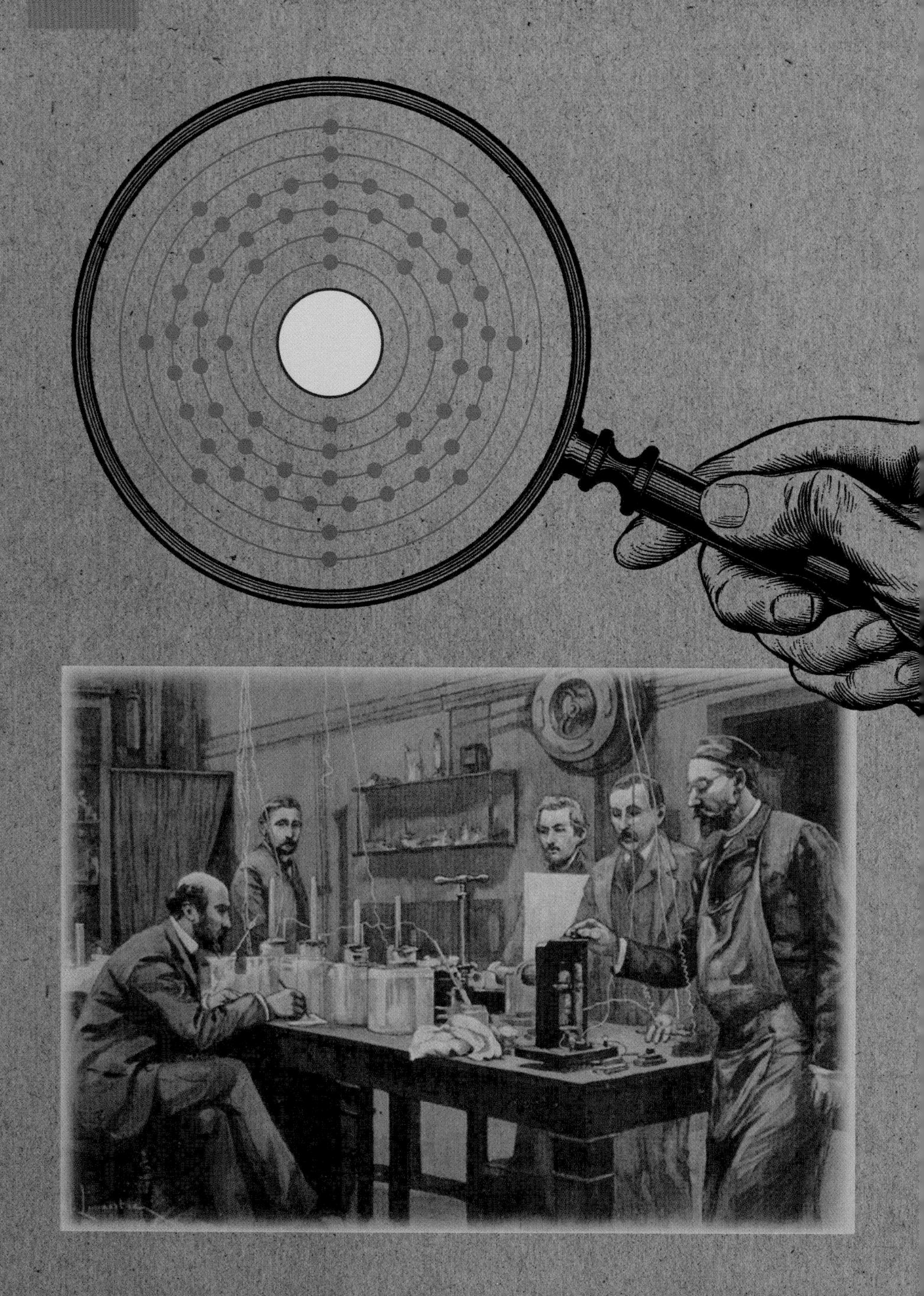

유로퓸

EUROPIUM

30초 저자
브라이언 클렉

희토류에 속하는 유로퓸은 주기율표에서 바륨과 하프늄 사이에 자리 잡은 란타넘족의 한 원소이다. 희토류라는 말은 본래 광물 속에서 희귀하게 발견되는 것들이라는 뜻으로 쓰였다. 하지만 애초의 예상보다 풍부하다는 점이 알려진 이후 부적절한 용어가 되었다. 유로퓸은 금속이지만 반응성이 너무 커서 공기나 물과 아주 쉽게 반응하므로 자연에서 은빛을 내뿜는 순수한 금속의 상태로 발견하기는 어렵다. 유로퓸의 발견자로는 세 사람을 꼽을 수 있다. 첫째로 영국의 화학자 윌리엄 크룩스는 어떤 광물의 스펙트럼에서 새로운 선을 발견했는데 나중에야 이는 유로퓸의 것으로 밝혀졌다. 따라서 그는 이 원소의 존재를 처음 밝혀낸 사람으로 꼽힌다. 얼마 뒤 프랑스의 화학자 폴 에밀 르코크 드 부아보드랑은 유로퓸의 특징적인 스펙트럼을 보이는 물질을 분리해냈다. 그리고 마침내 1901년 프랑스의 과학자 유진아나톨 드마르세이가 특수한 유로퓸 염을 분리해냈고 이 덕분에 유로퓸의 발견자라는 영예는 흔히 그에게 돌려진다. 실용적으로 유로퓸은 주로 전자나 자외선으로 자극했을 때 발생되는 형광의 원천으로 이용된다. 또한 원자핵 반응에서 빠져나가는 중성자들을 흡수하는 능력이 탁월한데, 아직 널리 쓰이고 있지는 않지만 장차 원자로의 제어에 큰 역할을 할 수도 있다.

관련 원소
프로메튬(Pm 61)
37쪽
가돌리늄(Gd 64)
41쪽

3초 인물 소개
윌리엄 크룩스
1832~1919
스펙트럼에서 유로퓸의 흔적을 발견한 영국의 화학자.

유진아나톨 드마르세이
1852~904
유로퓸 염을 처음으로 분리한 프랑스의 화학자.

3초 배경
원소기호: Eu
원자번호: 63
어원: 유럽 대륙의 이름에서 유래.

3분 반응
유로퓸은 형광체의 다양한 도핑(doping) 물질로 이용된다. 도핑은 소량의 불순물을 첨가하는 것을 뜻하며 형광체에 유로퓸을 도핑하면 전자나 자외선으로 자극할 때 특징적인 색깔이 나타난다. 형광이라는 말은 형석이라는 광물에서 유래했는데, 그 푸른 형광은 2가의 유로퓸 염에서 나온다. 형석은 3가의 유로퓸 염과 결합된 형태로 형광등에도 쓰인다.

란타넘족에서 휘발성이 가장 강한 유로퓸을 발견한 공로는 몇 사람의 화학자들에게 공동으로 돌려진다. 유로퓸은 주로 형광체의 도핑 물질로 투입되지만 다른 연구의 용도에도 많이 쓰인다.

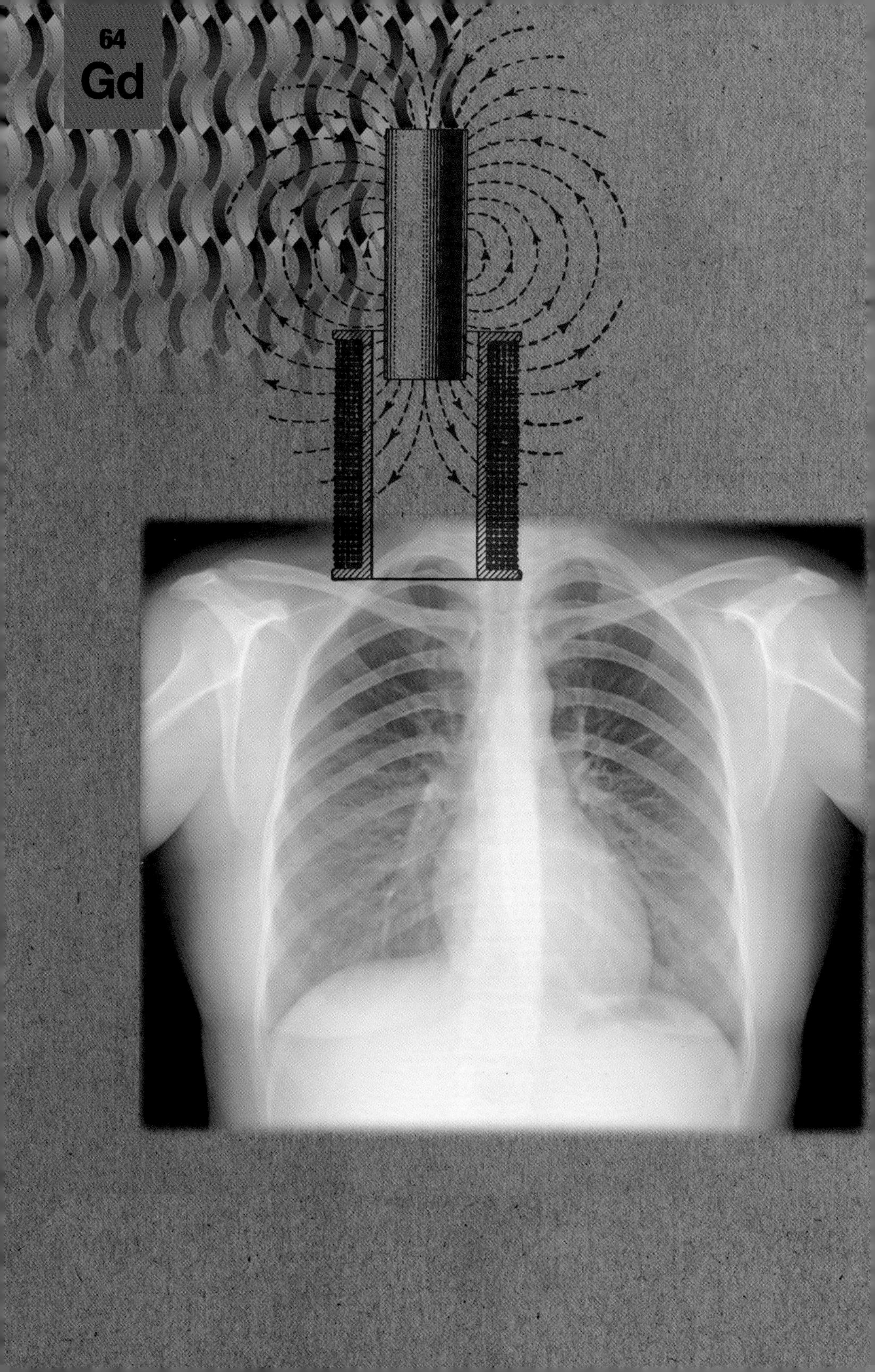
64
Gd

가돌리늄

GADOLINIUM

30초 저자
제프리 오언 모런

가돌리늄은 전이원소인 철, 코발트, 니켈과만 함께 공유하는 특이한 성질이 있다. 이는 바로 강자성이다. 강자성은 외부 자기장을 제거한 뒤에도 자성을 유지하는 것을 가리키며 영구자석은 이런 특성을 이용하여 만든다. 가돌리늄은 천연적으로 발견되는 이 세 원소들보다 더 센 강자성을 띠지만 단지 -273.15℃(-459.67°F)라는 절대영도로 냉각되었을 때에만 그렇다. 정확히 말하면 가돌리늄은 20℃(68°F) 이하에서는 강자성을 띠고 그 너머에서는 상자성을 띤다. 상자성은 강자성과 달리 외부 자기장을 제거하면 자성이 사라지는 것을 가리킨다. 이 때문에 가돌리늄은 온랭을 구별하는 자기 센서에 쓰인다. 또한 가돌리늄은 자연에서 발견되는 동위원소들이 내뿜는 중성자를 흡수하는 능력이 가장 뛰어나므로 원자로의 제어봉을 만드는 데에도 쓰인다. 가돌리늄과 갈륨 또는 가돌리늄과 이트륨을 주성분으로 하는 보석처럼 생긴 결정은 인공적으로 길러서 마이크로파 발생 장치나 여러 가지의 광학 부품을 제조하는 데에 활용한다. 가돌리늄은 여러 광물들에서 다른 란타넘족들과 함께 염의 형태, 특히 가돌리늄이라는 이름의 유래가 된 산소와의 결합 형태인 가돌리니아(gadolinia)로 많이 얻어진다.

관련 원소
프로메튬(Pm 61)
37쪽
유로퓸(Eu 63)
39쪽

3초 인물 소개

장 샤를 갈리사르 드 마리냐크
1817~1894
희토류를 연구한 프랑스의 화학자로 이터븀과 가돌리늄을 발견했다.

폴 에밀 르코크 드 부아보드랑
1838~1912
1886년에 가돌리늄을 분리해 낸 프랑스의 화학자.

3초 배경
원소기호: Gd
원자번호: 64
어원: 이트륨을 발견한 요한 가돌린(Johan Gadolin)의 이름에서 유래.

3분 반응
자연에서 발견되는 가돌리늄은 6가지 비방사성 원소와 1가지 방사성 원소의 혼합으로 이루어져 있으며 그중 가돌리늄-158이 가장 풍부하다. 희토류의 다른 원소들과 달리 금속 가돌리늄은 건조한 공기 안에서 상대적으로 안정하다. 반면 대부분의 희토류 원소들과 마찬가지로 3가의 이온을 만들어서 형광을 발산하는데, 가돌리늄 화합물은 특히 상업적 전기 부품에서 녹색 형광을 내는 데 유용하다. 발광제로서의 가돌리늄은 엑스선과 MRI 장비에도 쓰인다.

가돌리늄은 엑스선과 MRI 장비에서 유용하게 쓰이며, 가공성을 좋게 하기 위하여 철이나 크로뮴 등의 합금에도 투입된다.

91

Pa

프로트악티늄

PROTACTINIUM

30초 저자
에릭 셰리

프로트악티늄의 존재는 러시아의 화학자 드미트리 멘델레예프가 예언했지만 20세기가 한참 지나도록 분리되지 않았다. 멘델레예프는 이를 '에카탄탈럼'이라고 불렀으며, 주기율표의 같은 열에 있는 나이오븀이나 탄탈럼과 같이 R_2O_5 형태의 산화물을 만들 것이라고 주장했다. 나중에 밝혀진 바에 따르면 그의 예언은 옳았다. 에카탄탈럼의 존재에 대한 첫 암시는 영국의 화학자이자 발명가인 윌리엄 크룩스가 찾아냈다. 그는 이를 분리하지는 못했지만 우라늄 광물에 이 새로운 원소가 있음을 알고 '우라늄-X'라고 이름 지었다. 1913년 폴란드 출생의 미국 화학자 카시미르 파얀스는 독일인 동료 오스발트 괴링과 함께 원자번호 91번 원소의 동위원소를 찾아냈다. 그는 이 원소의 반감기가 1.17분으로 아주 짧았기에 브레븀(Brevuum)이라고 불렀으며, 엄밀히 말하면 이게 바로 이 원소의 진정한 발견이었다. 하지만 발견의 영예는 흔히 1917년에 긴 반감기를 가진 동위원소를 분리한 사람에게 돌리는데, 이들은 독일의 화학자 오토 한과 오스트리아 출생의 스웨덴 물리학자 리제 마이트너이다. 이 동위원소의 반감기는 훨씬 긴 3만 2,500년이며 프로토악티늄이라고 이름 지어졌다. 이는 알파 입자를 내놓으면서 89번의 악티늄이 되는 원소라는 뜻인데, 나중에 조금 줄여 프로트악티늄으로 고쳐졌다. 프로트악티늄은 매우 희소하고 유독하고 방사능도 강하므로 실제적인 용도는 없다.

관련 원소
우라늄(U 92)
45쪽
플루토늄(Pu 94)
49쪽

3초 인물 소개

윌리엄 크룩스
1832~1919
영국의 과학자, 학술지 편집자, 사진가, 발명가.

카시미르 파얀스
1887~1975
폴란드 출생의 미국 방사능 화학자로서 수명이 짧은 원자번호 91번의 동위원소 브레븀을 발견했다.

프레드릭 소디
1877~1956
프로트악티늄을 발견한 영국의 방사능 화학자.

3초 배경
원소기호: Pa
원자번호: 91
어원: 프로토악티늄(pro-toactinium)이란 말을 조금 줄여서 만들었는데, '알파 입자를 방출하면서 악티늄을 만드는 원소'라는 뜻을 나타낸다.

3분 반응
1959년부터 1961년 사이에 영국의 원자력 에너지 위원회는 60톤가량의 우라늄 광물로부터 약 125그램의 프로트악티늄을 분리하는 데 성공했다. 이는 지금까지도 이 원소를 가장 많이 모은 기록으로 남아 있는데, 이후 세계 각지의 연구소에 샘플을 나누어 주어서 그 양이 줄어들었다.

오토 한과 리제 마이트너는 은회색으로 방사능이 강한 이 금속의 수명이 가장 긴 동위원소 프로트악티늄-231을 발견했다.

92
U

우라늄

URANIUM

30초 저자
필립 볼

사람들은 우라늄을 먹기도 했으며 지금도 그런 사람들이 있다. 우라늄은 1789년에 역청우란광에서 발견되었고 19세기에는 식기류에 밝은 오렌지 빛을 내는 데 쓰였으며 녹색 유리의 착색제로 투입되었다. 오렌지 빛 우라늄 식기류는 1940년대까지도 만들어졌지만 방사능이 감소된 열화우라늄을 사용했다. 이 무렵에는 맨해튼 계획에 따라 우라늄을 사용한 원자폭탄도 개발되어 1945년에 일본의 히로시마에 투하되었다. 우라늄의 방사능은 1896년 프랑스의 과학자 앙리 베크렐이 엑스선을 연구하던 중에 이 원소가 새로운 종류의 빛을 내뿜는다는 사실을 깨달으면서 발견했다. 이후 우라늄이 방사능으로 방출하는 에너지는 원자핵에서 나오며 그 양이 엄청나다는 점이 밝혀졌다. 1938년 독일의 화학자 오토 한과 프리츠 스트라스만은 오스트리아의 물리학자 리제 마이트너와 함께 우라늄이 중성자를 흡수하면 핵분열을 일어나고 연쇄 반응을 통해 막대한 에너지를 빠르게 방출할 수 있다는 사실을 발견했다. 원자로에서는 이 연쇄 반응을 조절하여 천천히 일어나게 하지만 원자폭탄에서는 급격히 진행되어 핵에너지가 폭발적으로 방출된다.

관련 원소
넵투늄(Np 93)
34쪽
플루토늄(Pu 94)
49쪽

3초 인물 소개

마르틴 클라프로트
1743~1817
1789년에 우라늄을 발견한 독일의 화학자.

앙리 베크렐
1852~1908
우라늄이 우라늄선(uranic rays)이라고 이름 붙인 방사선을 방출한다는 사실을 발견한 프랑스의 물리학자.

리제 마이트너
1878~1968
우라늄이 핵분열을 일으킬 수 있다는 사실을 발견한 오스트리아의 여성 물리학자.

3초 배경
원소기호: U
원자번호: 92
어원: 우라늄보다 8년 앞서 발견된 천왕성(Uranus)의 이름에서 유래.

3분 반응
우라늄에는 몇 가지의 동위원소들이 있고 모두 방사성이다. 그 가운데 우라늄-235가 특히 쉽게 핵분열을 하지만 천연 우라늄에서 99퍼센트 이상을 차지하는 우라늄-238의 방사성은 미미하다. 따라서 원자폭탄을 만들려면 우라늄-235를 농축해야 하는데, 동위원소들의 화학적 특성은 동일하므로 분리하기가 어려워서 오랜 시간이 걸린다. 열화우라늄은 핵분열의 속도가 빨라서 방사능이 강한 우라늄-235를 일부 제거한 것이다.

한때 도자기와 유리의 착색제로 쓰였던 원소와 1945년 8월 6일 리틀 보이(Little Boy)라는 별명으로 히로시마를 초토화한 원자폭탄에 쓰인 원소는 모두 동일한 원소인 우라늄이다.

1912년 4월 19일
미국 미시간 주의 이시페밍에서 출생

1937년
버클리 캘리포니아대학교에서 화학 박사학위를 받다

1937~1946년
버클리 캘리포니아대학교에서 강의와 연구를 하다가 1945년에 교수로 임명되다

1941년
플루토늄을 에드윈 맥밀런(Edwin McMillan), 조지프 케네디(Joseph Kennedy), 아서 월(Arthur Wahl)과 함께 발견하다

1942년
맨해튼 계획에 참여하다

1944~1958년
다음의 원소들을 발견한 팀을 이끌다.
· 1944: 퀴륨
· 1949: 버클륨
· 1950: 캘리포늄
· 1952: 아인슈타이늄, 페르뮴
· 1955: 멘델레븀
· 1958: 노벨륨

1951년
노벨 화학상을 받다

1958~1961년
버클리 캘리포니아대학교의 총장 역임하다

1961~1971년
미국 원자력에너지위원회의 의장 역임하다

1997년
역사상 처음으로 생전에 자신의 이름을 딴 원소를 가진 사람이 되다. 그 원소는 원자번호 106번의 시보귬(seaborgium)

1999년 2월 25일
캘리포니아의 라파예트에서 뇌일혈로 사망

글렌 T. 시보그

글렌 시보그는 20세기의 가장 중요한 화학자들 가운데 한 사람이다. 그의 발견들은 러시아의 화학자 드미트리 멘델레예프가 1860년대에 처음 주기율표를 제안한 이래 이에 대한 가장 위대한 공헌이었다. 시보그는 플루토늄을 포함하여 10가지의 초우라늄 원소들을 공동으로 제조하여 발견했다. 그는 또한 주기율표에 악티늄족이라는 새로운 원소들의 무리를 확정하여 배치했다.

스웨덴 이민의 후예인 시보그는 1912년에 미시간 주에서 태어났다. 그는 로스앤젤레스 캘리포니아대학교에서 화학을 공부했고, 1937년에 버클리 캘리포니아대학교에서 화학 박사학위를 받았다. 이후 이곳에서 대부분의 경력을 쌓은 그는 화학과의 교수를 거쳐 총장까지 역임했다. 그리고 그동안 그는 이 대학교에 설치된 로렌스 사이클로트론을 이용한 중요한 발견들을 통해 많은 업적을 이루었다.

1941년에 시보그는 에드윈 맥밀런, 조지프 케네디, 아서 월과 함께 플루토늄을 발견했다. 플루토늄은 원자로와 원자폭탄에 쓰이게 되었는데 나가사키에 투하된 것은 플루토늄으로 제조된 것이었고 시보그도 그 개발을 도왔다. 제2차 세계대전 중에 시보그는 트루먼 대통령에게 일본의 항복을 설득하기 위해 원자폭탄의 위력을 공개적으로 시연하도록 요청하는 과학자들의 청원에 동참했다. 하지만 이 요청은 묵살되었다.

1940년에 에드윈 맥밀런은 넵투늄을 발견했으며 이후 시보그와 동료 연구자들은 9가지를 더하여 우라늄보다 질량이 커서 초우라늄 원소로 불리는 원자번호 93의 넵투늄으로부터 102의 노벨륨에 이르는 10가지 원소들을 발견했다.

1944년에 시보그는 악티늄 이후의 15가지 원소들은 성질이 서로 비슷하므로 하나의 족, 곧 악티늄족으로 분류할 수 있다는 제안을 내놓았다. 이 족에는 초우라늄 원소들이 포함되며 주기율표에서 위치도 독특하다. 그의 이론은 주기율표를 현재의 형태로 확장하는 데에 크게 기여했는데, 여기서 악티늄족은 란타넘족의 아래에 새로운 행으로 나타내진다. 이러한 업적들에 힘입어 그는 1951년에 에드윈 맥밀런과 함께 노벨 화학상을 받았다.

오랫동안 시보그는 핵의학을 연구하면서 여러 방사성 동위원소를 발견했고 그중 하나인 아이오딘-131을 이용하여 어머니의 갑상선 질환을 완치하기도 했다. 또한 그는 원자력 에너지에 대해 열 사람에 이르는 대통령들의 자문을 맡기도 했다. 그는 생전에 자신의 이름을 딴 원소를 갖는 기쁨을 누렸는데 이 과정에서 많은 논란이 있었다. 하지만 아무튼 그는 이를 "내 평생 가장 큰 영예"라고 평가했다.

94
Pu

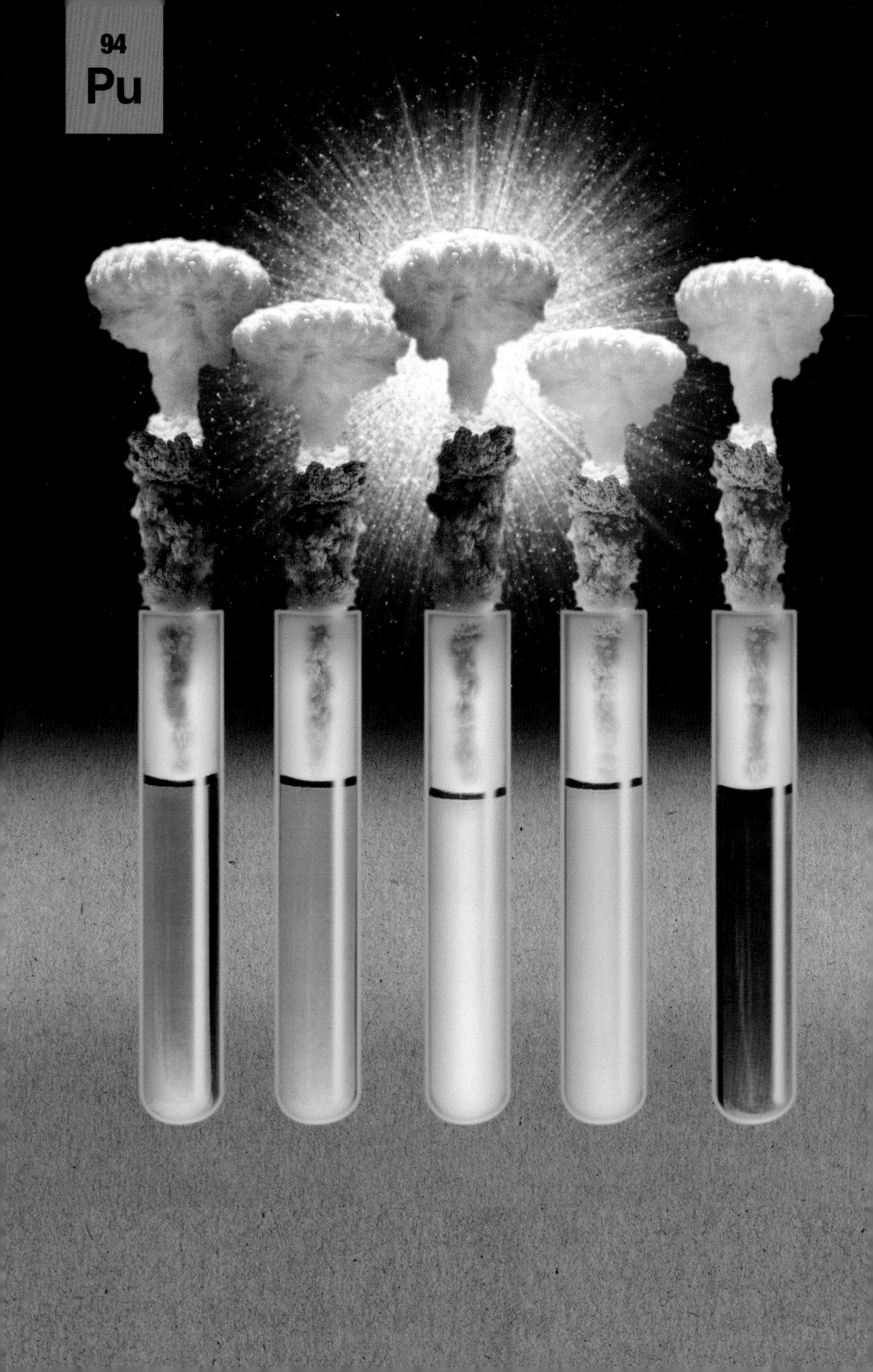

플루토늄

PLUTONIUM

30초 저자
브라이언 클렉

악티늄족 금속에 속하는 플루토늄은 가장 유독한 물질이라는 말을 들어본 적이 있을 것이다. 물론 플루토늄을 흡입할 경우 독성이 매우 강하기는 하지만 사실 자연에는 이보다 더 강한 독들이 있다. 그런데 플루토늄을 써서 대규모의 중독 사태를 유발하기는 어렵다. 발견된 때부터 이미 플루토늄은 원자폭탄의 제조와 핵에너지의 이용에서 우라늄의 중요한 라이벌로 간주되었다. 플루토늄을 임계량(자발적으로 연쇄 반응을 유발하여 핵폭발을 일으키는 데 필요한 최소한의 양－옮긴이)만큼 얻기는 힘든데, 아무튼 플루토늄-239를 8킬로그램만 만들면 1945년에 일본의 나가사키에 투하되었던 것 정도의 원자폭탄을 만들 수 있다. 어떤 자료들은 우라늄이 자연에서 발견되는 가장 무거운 원소이므로 플루토늄은 인공적인 원소라고 설명한다. 하지만 플루토늄도 자연에 존재한다. 철보다 무거운 원소들이 모두 그렇듯 플루토늄도 초신성이 폭발할 때 만들어진다. 지구에서 플루토늄을 보기는 어려운데, 이는 지구가 생성된 지 45억 년이 지나는 동안 자연에 존재하는 플루토늄이 거의 사라졌기 때문이다. 플루토늄은 방사성 붕괴를 통해 우라늄으로 변해가며, 그 동위원소들 가운데 반감기가 가장 긴 플루토늄-244의 반감기는 8,000만 년가량이다.

관련 원소
우라늄(U 92)
45쪽

3초 인물 소개
에드윈 맥밀런
1907~1991
1940년에 최초의 초우라늄 원소인 넵투늄을 만든 미국의 물리학자.

글렌 T. 시보그
1912~1999
1940년에 버클리 캘리포니아대학교에서 플루토늄을 최초로 발견한 미국의 화학자.

3초 배경
원소기호: Pu
원자번호: 94
어원: 왜행성의 하나인 명왕성(Pluto)의 이름에서 유래.

3분 반응
플루토늄의 동소체는 6가지이며, 산화 상태는 5가지이므로 화학적으로 다양하게 존재한다. 본래는 은빛이지만 공기에 노출되면 빠르게 산화되어 회색빛을 낸다. 플루토늄을 코발트 및 갈륨과 적절히 섞어 합금을 만들면 18.5K(−254.65℃, −426.37℉)라는 비교적 높은 온도에서 초전도체로 변한다. 하지만 이 합금의 초전도성은 그 안의 플루토늄이 붕괴하면서 사라진다.

우주 저편의 머나먼 곳에 있는 초신성이 폭발할 때 만들어지는 플루토늄은 1945년 8월 9일 일본의 나가사키에 투하되었던 원자폭탄 팻맨(Fat Man)의 원료이며, 자연적으로는 우라늄광에서 아주 소량으로 얻어진다.

할로젠과 비활성 기체

할로젠과 비활성 기체
용어해설

고분자(중합체) 작은 단위의 성분들이 반복적으로 연결되어 만들어지는 큰 분자. 이처럼 큰 분자를 만드는 과정을 중합이라고 하는데, 대부분의 고분자에서 탄소가 중요한 역할을 한다.

불소화 플루오린(불소) 또는 플루오린 화합물을 이용하여 다른 물질을 처리하거나 화학 반응을 일으키는 과정.

비활성 화학 반응을 하지 않는 물질. 그 대표적인 예로서 희유기체(rare gas) 또는 귀족기체(noble gas)라고도 부르는 원소들은 한때 비활성으로 여겨졌으며, 이에 따라 지금까지도 이 용어들은 동의어처럼 쓰이고 있지만 비활성 기체가 가장 공식적인 용어이다.

산화 일반적으로는 산소와 결합하는 화학 반응을 가리키며, 금속이 녹스는 게 대표적인 예다. 좀 더 전문적으로는 어떤 물질이 전자를 잃는 과정을 뜻하며, 이렇게 방출된 전자를 얻는 화합물은 환원된다고 말한다.

산화 상태 어떤 물질이 얼마나 산화되었는지를 가리키는 말로서, 구체적으로는 산화수로 나타낸다.

산화물 어떤 물질이 산소와 결합했을 때 만들어지는 화합물.

산화수 어떤 물질의 산화 상태를 가상적으로 나타내기 위한 수로서 편리하게 이용된다. 산화수(oxidation number)는 대상 물질이 이온 결합을 이루었다고 가정한 다음 일정한 규칙에 따라 이동한 전자의 수를 헤아려 정하는데, 각 성분들이 얻거나 잃은 전자의 수에 각각 −와 + 부호를 붙여서 산화수로 삼는다.

산화환원 반응 산화 반응과 환원 반응을 함께 부르는 이름. 산화와 환원은 전자를 잃고 얻는 과정이어서 언제나 짝을 이루어 진행되기 때문에 전체적으로는 이렇게 부르기도 한다.

알파 과정 두 부류의 핵융합 반응 과정 가운데 하나로 별들은 이를 통해 헬륨을 더 무거운 원소들로 바꾼다. 다른 부류는 삼중 알파 과정이다.

알파 입자 양성자 둘과 중성자 둘로 이루어진 입자로, 헬륨의 원자핵과 같다. 방사성 동위원소가 알파 입자를 방출하면서 붕괴하는 것을 알파 붕괴라고 부른다.

이원자 분자 원자 두 개로 이루어진 분자. 산소 분자 O_2처럼 같은 종류의 원자들이 결합해서 된 것들도 있고 일산화탄소 CO처럼 서로 다른 원자들이 결합해서 된 것들도 있다.

전기분해 전류를 이용하여 화학 반응을 일으키는 방법. 이온 결합을 하는 물질들의 분리에 많이 쓰이는데, 이온 결합은 주로 전하를 잃은 금속 양이온과 전하를 얻은 비금속 음이온 사이에서 만들어진다. 이온성 화합물을 녹인 전해질에 전류를 통하면 양이온은 음극으로 가서 전자를 만나 환원되고 음이온은 양극으로 가서 전자를 잃고 산화된다. 전기분해(electrolysis)는 광물과 같은 원소들의 천연 원료에서 원소들을 순수하게 분리하기 위해 상업적으로 많이 이용된다.

치환 반응 화합물의 일부 성분이 다른 성분(원자나 분자나 이온 등)으로 치환되는 반응.

할로젠과 비활성 기체 할로젠과 비활성 기체는 각각 주기율표의 17족과 18족에 속한 원소들을 가리킨다. 할로젠은 모두 비금속이고 최외각 전자의 수는 일곱 개이다. 비활성 기체는 최외각이 모두 채워져서 다른 물질들과 잘 반응하지 않는다. 이런 특성 때문에 비활성 기체는 예전의 귀족들이 자기들끼리만 어울리고 다른 계층과는 잘 어울리지 않는 성향과 비슷하다는 뜻에서 귀족기체라고 불리기도 한다. 한편 일반적으로 그 양이 적으므로 희유기체라고 부르기도 한다.

할로젠

	원소기호	원자번호
플루오린	F	9
염소	Cl	17
브로민	Br	35
아이오딘	I	53
아스타틴	At	85

비활성 기체

	원소기호	원자번호
헬륨	He	2
네온	Ne	10
아르곤	Ar	18
크립톤	Kr	36
제논	Xe	54
라돈	Rn	86

핵자 원자핵을 이루는 입자들을 가리키며 양전하를 띤 양성자와 전하를 띠지 않은 중성자가 대표적이다. 양성자와 중성자는 각각 세 개의 쿼크들로 이루어져 있다.

환원 산화와 짝을 이루는 반대의 반응으로 산소를 잃거나 전자를 얻는 과정을 가리킨다.

9
F

플루오린

FLUORINE

30초 저자

존 엠슬리

오래전부터 플루오린화칼슘을 함유한 형석이라는 광물은 금속을 용접하고 유리를 식각하는 데에 쓰였다. 그래서 화학자들은 여기에 미지의 원소가 들어 있을 것이라고 보았지만 분리해내지는 못했다. 1886년 마침내 이를 성공한 사람은 프랑스의 화학자 앙리 무아상이다. 그는 플루오린화칼륨을 플루오린화수소에 녹인 용액을 전기분해하여 연노랑의 플루오린 기체를 얻어냈다. 플루오린은 지금도 이 방법으로 생산되고 있는데, 이를 함유한 대표적인 화합물은 테플론이다. 테플론은 불소화 반응으로 만드는 고분자로서, 전선의 절연체, 배관, 배관용 테이프, 직물식 지붕재, 눌어붙지 않는 프라이팬, 투습방수용 고어텍스 등에 쓰이는데, 특히 고어텍스는 인공 정맥과 동맥의 재료이기도 하다. 플루오린은 오늘날 대개 질소로 희석하여 사용한다. 폴리에틸렌 용기를 불소로 처리하면 불투성의 불소화 층이 만들어진다. 그러면 충돌했을 때 전통적인 재료들에 비해 파열될 가능성이 낮으므로 연료 탱크로 아주 이상적이다. 플루오린은 또한 우라늄과 결합하여 육불화우라늄을 만드는데, 이를 통해 핵연료로 쓰이는 우라늄-235 동위원소를 분리할 수 있다. 플루오린 음이온은 뼈와 이빨을 이루는 인산칼슘을 더욱 단단한 인회석으로 바꾸어 줌으로써 한층 강하게 만든다. 어떤 의약품은 플루오린 원자를 함유하는데, 예를 들어 항진균제로 쓰이는 플루코나졸(fluconazole)은 약효가 아주 뛰어나다.

관련 원소

염소(Cl 17)
57쪽

브로민(Br 35)
53쪽

아이오딘(I 53)
59쪽

3초 인물 소개

앙리 무아상
1852~1907
1886년 파리에서 플루오린을 처음으로 발견한 프랑스의 화학자.

프레드릭 맥케이
1874~1959
1930년대 초에 플루오린 음이온이 이빨을 튼튼하게 한다는 사실을 입증한 미국의 치과의사.

로이 플렁킷
1911~1994
1938년 테플론을 발견한 미국의 화학자.

3초 배경

원소기호: F
원자번호: 9
어원: '흐르다'라는 뜻의 라틴어 플루에레(fluere)에서 유래.

3분 반응

플루오린은 할로젠이라고 부르는 17족 원소들 가운데 첫째이다. 방사능이 없는 플루오린-19의 형태로만 존재하는데 반응성이 아주 커서 헬륨과 네온을 제외한 다른 모든 원소들과 결합한다. 하지만 인공적으로 방사능을 가진 플루오린-18을 만들 수 있고, 이는 PET(positron emission tomography)라는 영상 의료 장치에 쓰인다. PET는 신체 장기의 삼차원 영상을 만들 수 있을 뿐 아니라 작용하는 과정도 보여줄 수 있다. 플루오린-18의 반감기는 110분이어서 의사들이 살아 있는 장기의 활동을 관찰하는 데 적절하다.

원소들이 달걀을 요리하는 데에 어떻게 기여했을까? 눌어붙지 않는 프라이팬에 코팅된 테플론을 만드는 데 쓰이는 원소가 바로 플루오린이다.

17
Cl

염소

CHLORINE

30초 저자
브라이언 클렉

1630년대에 플랑드르의 화학자 얀 밥티스타 판 헬몬트는 염소로 보이는 물질에 대한 서술을 남겼다. 오늘날의 독일 지역에서 태어난 스웨덴의 화학자 카를 빌헬름 셸레는 1774년에 이를 가리켜 '플로지스톤이 제거된 염산 기체'라고 불렀다. 1810년에 영국의 화학자 험프리 데이비는 원소의 하나임을 밝히면서 새로이 염소라는 이름을 붙였다. 염소는 바닷물에 풍부하므로 널리 얻어진다. 바닷물을 흔히 소금물이라고 부르지만 실제로 바닷물 속에서 소금은 소듐 양이온과 염소 음이온으로 분리되어 존재한다. 그리고 이 이온들의 원천도 서로 다른데, 아무튼 바닷물이 증발하면 다시 소금으로 결합되어 석출된다. 염소는 소금물을 전기분해하여 얻으며, 이때 음전하를 띤 염소 이온은 양극으로 끌려간다. 염소는 산화력이 강해서 표백제와 소독제로 널리 쓰이는데, 후자의 경우 특히 음용수로 쓰기 위한 강물의 정수와 수영장 물의 소독에 많이 이용된다. 염소의 어두운 면으로는 독가스로서의 용도를 들 수 있다. 최초로 쓰인 전투는 1915년 4월 22일 벨기에 부근의 이프레(Ypres)에서 벌어졌고, 이때 독일군은 프랑스군의 알제리 용병들에게 6,000통이 넘는 염소 가스를 살포했다. 이 끔찍한 화학 무기는 독일의 화학자 프리츠 하버가 개발했다. 염소를 흡입하면 폐의 기도가 헐어서 파괴되며, 결국 피해자는 폐에 체액이 가득 차 질식하여 숨지게 된다.

관련 원소
플루오린(F 9)
55쪽
아이오딘(I 53)
59쪽

3초 인물 소개

얀 밥티스타 판 헬몬트
1577~1644
플랑드르의 화학자로 염소의 발생에 대한 기록을 최초로 남겼다.

카를 빌헬름 셸레
1742~1786
현재의 독일 지역에서 태어난 스웨덴의 화학자로 염소 기체의 실질적인 발견자이다.

험프리 데이비
1778~1829
영국의 화학자로 염소가 원소임을 밝히고 새로이 그 이름을 지었다.

3초 배경
원소기호: Cl
원자번호: 17
어원: 연록색을 뜻하는 그리스어 클로로스(khloros)에서 유래.

3분 반응
염소는 강한 산화력 때문에 살균제로 널리 이용된다. 산화는 본래 금속에 녹이 스는 것과 같이 산소와 반응하는 것을 가리켰지만 더 넓은 의미로는 전자를 잃는 반응을 뜻한다. 세균이 염소에 접촉되면 염소의 산화력에 의해 세포막이 파괴되어 죽게 된다. 염소 자체는 위험하므로 대개 차아염소산나트륨(NaClO)과 같은 화합물의 형태로 쓰인다. 하지만 결국 원하는 효과는 이로부터 분리된 염소에 의해 나타난다.

염소의 독특한 냄새를 맡으면 수영장의 광경이 떠오른다. 하지만 이와 함께 제1차 세계대전에서 참호를 따라 살포되었던 화학 무기로서의 공포도 되살아난다.

53
I

아이오딘

IODINE

30초 저자
휴 앨더시 윌리엄스

아이오딘은 비금속 원소들 가운데 가정에서 가장 친숙한 원소일 것이다. 왜냐하면 가정상비약으로 사용되기 때문인데 그 살균력이 같은 족에 속한 염소보다는 약하므로 찰과상이나 칼에 벤 상처에 바르기에 아주 이상적이다. 심지어 캐나다의 시인이자 가수인 레너드 코언은 "아이오딘"이라는 제목의 노래를 만들어 살균 작용을 할 때의 아릿한 아픔을 묘사하기도 했다. 아이오딘의 발견은 화학 역사상 가장 행복한 사건들 가운데 하나이다. 프랑스의 화학자 베르나르 쿠르투아는 파리에 있는 가내 공장에서 해초를 원료로 초석을 생산했다. 1811년 그는 한 반응 용기에서 밝은 보랏빛 증기가 피어오르는 것을 발견했는데, 응축되면 반짝이는 흑색 결정이 되었다. 역시 프랑스의 화학자인 조제프 루이 게이뤼삭은 이게 새 원소임을 확인하고 아이오딘이라고 이름 지었다. 하지만 불행하게도 쿠르투아는 그의 발견을 사업으로 확장하여 수익을 거두려던 노력이 실패로 돌아가서 남은 생애 내내 재정적 부담에 시달려야 했다. 아이오딘의 의학적 용도는 빠르게 밝혀져서 갑상선 호르몬의 부족으로 발생하는 갑상선종의 치료에 쓰이기 시작했다. 전통적으로 바다수세미가 갑상선종을 치료하는 민간요법으로 쓰였는데, 바닷물과 해조류에 아이오딘이 비교적 풍부하게 들어 있다는 점이 그 효과를 설명해준다.

관련 원소
플루오린(F 9)
55쪽
염소(Cl 17)
57쪽
브로민(Br 35)
53쪽

3초 인물 소개

험프리 데이비
1778~1829
아이오딘의 발견자로 오인되었던 영국의 화학자.

루이 다게르
1787~1851
은과 아이오딘의 반응을 이용하여 사진을 만든 프랑스의 과학자.

베이질 헤첼
1922~
제3세계의 아이오딘 결핍에 대한 관심을 촉구해온 오스트레일리아의 의학자.

3초 배경
원소기호: I
원자번호: 53
어원: 보라색을 뜻하는 그리스어 이오데스(iodes)에서 유래.

3분 반응
아이오딘 원자는 비교적 커서 결합력이 약하므로 분자에서 쉽게 떨어진다. 이 때문에 아이오딘은 여러 약품을 만들 때 많이 쓰이는 치환 반응에 유용하다. 전체적인 반응의 중간 단계에서 어떤 분자에 결합된 아이오딘은 치환 반응을 통해 특별한 의학적 기능을 가진 복잡한 유기체 구조로 대체된다.

해양 식물에서 흔히 발견되는 아이오딘은 화학 산업과 소독약 등에 쓰인다.

85
At

아스타틴

ASTATINE

30초 저자
에릭 셰리

원자번호가 85인 이 원소는 맨눈으로 볼 수 있을 정도의 양을 얻어낸 적이 없다. 만일 그 정도가 모이면 방사능의 열 때문에 즉각 증발하여 사라질 것이다. 따라서 아스타틴의 색깔이나 녹는점이나 끓는점 등의 거시적 성질은 추측할 수밖에 없다. 심지어 다른 할로젠 원소들은 모두 이원자 분자를 만들지만 아스타틴도 그런지는 아직도 모른다. 아스타틴은 1943년에 버클리 캘리포니아대학교의 과학자 데일 코슨, 케네스 매킨지, 에밀리오 세그레에 의해 인공적으로 처음 만들어졌었다. 그리고 3년 뒤에는 자연적으로도 지각 속에서 아주 적게 만들어진다는 사실이 밝혀졌다. 사실 이는 자연에서 발견되는 가장 희소한 원소로 어느 때나 지각 전체에 약 30그램밖에 존재하지 않는다. 수명이 가장 긴 동위원소는 아스타틴-210으로 반감기가 8.1시간이다. 이런 특성 때문에 아스타틴의 실제적 용도는 거의 없지만 하나의 예외는 알파 입자를 방출하는 아스타틴-211의 잠재적 용도인데, 그 반감기는 7.2시간이어서 방사능 치료에 적절하다. 그러나 아스타틴-211을 사람에게 안전하게 투여할 방법이 마땅치 않아 그 활용이 늦춰지고 있다.

관련 원소
플루오린(F 9)
55쪽
염소(Cl 17)
57쪽
브로민(Br 35)
53쪽
아이오딘(I 53)
59쪽

3초 인물 소개
프레드 앨리슨
1882~1974
1930년에 원자번호 85의 원소를 발견했다고 잘못 주장한 미국의 물리학자.

데일 코슨,
1914~2012
케네스 매킨지,
1912~2002
에밀리오 세그레
1905~1989
1940년에 아스타틴을 공동으로 발견한 미국의 과학자들.

3초 배경
원소기호: At
원자번호: 85
어원: 불안정하다는 뜻을 가진 그리스어 아스타토스(astatos)에서 유래.

3분 반응
주기율표의 같은 족 바로 위에 있는 아이오딘과 마찬가지로 아스타틴도 갑상선에서 그 용도를 찾고 있다. 이를 이용하면 갑상선은 물론 목 부분 전체의 의학적 상태를 점검할 수 있다. 나아가 아스타틴-211은 도달 거리가 짧은 알파 입자를 방출하기 때문에 주변 조직의 피해를 줄이면서 암 부위만 집중적으로 공격할 수 있으므로 온몸의 암들을 치료하는 데에도 쓰일 수 있을 것으로 보인다.

아스타틴의 동위원소는 33가지가 알려져 있는데, 그중 일부는 지각에서 자연적으로 생성된다.

1852년 10월 2일
스코틀랜드 글래스고에서 출생

1866~1870년
글래스고대학교에서 공부하다

1870~1872년
독일의 튀빙겐대학교에서
박사학위를 받다

1872~1880년
글래스고의 앤더슨대학과
글래스고대학교에서 연구하다

1880년
영국 브리스톨대학교 화학과의
교수가 되다

1881년
마거릿 부캐넌과 결혼하고 이후
두 아이를 가지다

1887년
런던대학교의 교수가 되다

1888년
영국왕립학회의 회원이 되다

1894년
새 원소 아르곤을 발견하다

1895년
최초로 헬륨을 분리하다

1898년
크립톤, 네온, 제논을 발견하다

1902년
기사 작위를 받다

1903년
프레드릭 소디와 함께 라듐에서
라돈을 분리하다

1904년
노벨 화학상을 받다

1913년
은퇴하여 음악과 여행과 시를
즐기다

1916년 7월 23일
코의 암으로 인해 영국의
버킹엄셔에서 사망

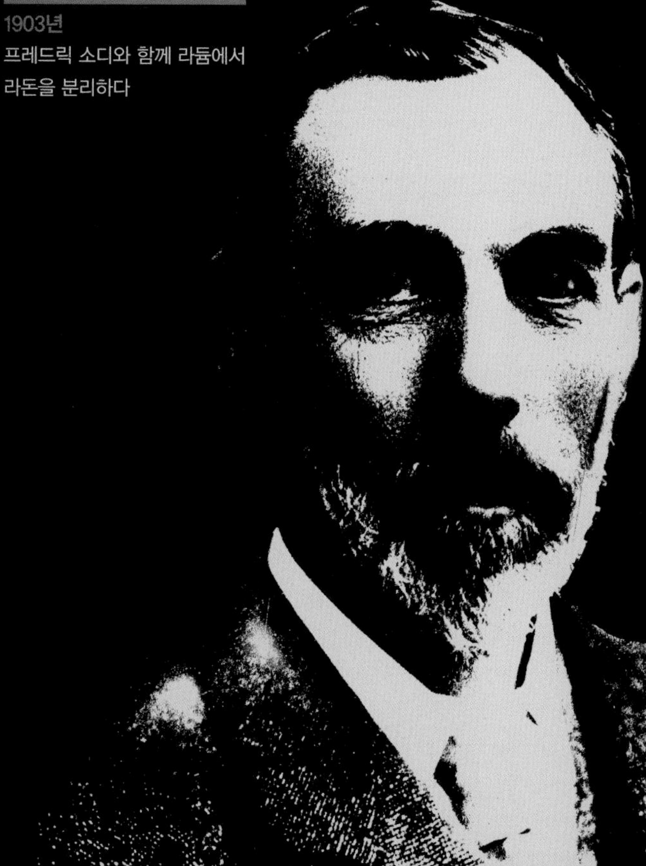

윌리엄 램지

런던의 웨스트민스터 수도원에는 아이작 뉴턴(Isaac Newton, 1642~1727), 넬슨 제독(Horatio Nelson, 1758~1805), 제인 오스틴(Jane Austen, 1775~1817)과 같은 위인들과 함께 윌리엄 램지도 묻혀 있다. 글래스고에서 태어난 그는 오늘날에는 그다지 유명하지 않지만 19세기 말과 20세기 초에는 과학계의 총아로서 영국인 최초의 노벨 화학상 수상자였다. 그 영예는 아르곤, 크립톤, 네온, 제논의 4가지 기체를 발견한 업적에 주어졌는데, 이것들은 헬륨 및 라돈과 함께 주기율표의 새로운 족, 곧 비활성 기체 또는 희유기체라고 부르는 원소들로 구성된 족을 이루게 되었다.

1852년에 태어난 램지는 어렸을 때부터 화학에 매료되었고, 글래스고대학교를 마치고 독일의 튀빙겐대학교에서 박사학위를 받았다. 영국으로 돌아온 그는 대학의 여러 자리를 거친 뒤 런던대학교에서 영예로운 석좌 교수가 되었다. 그리고 이곳의 석좌 교수로 지냈던 1887~1913년 사이에 그의 가장 중요한 발견들을 이루었다.

1890년대 중반에 램지는 영국의 물리학자 레일리(John William Strutt, 3rd Baron Rayleigh, 1842~1919)의 실험 결과에 흥미를 느꼈다. 이에 따르면 공기에서 분리한 질소는 화합물에서 얻은 질소보다 밀도가 조금 더 높았다. 레일리는 불순물 때문일 것이라고 생각했지만 램지는 공기에 섞여 있으면서 아직 분리되지 않은 원소가 그 원인일 수 있다고 보았다. 그리하여 자신의 이론을 검정하기 위해 레일리와 공동 연구를 시작했고 이를 통해 많은 성과를 거두었다.

램지는 공기에서 분리한 질소를 가열된 마그네슘 위로 통과시켜 질화마그네슘이라는 고체로 만들었다. 그러면 1퍼센트가량의 기체가 반응하지 않고 남는데, 그 밀도는 질소보다 높았다. 이 기체의 스펙트럼을 보고 새로운 원소임을 확인한 램지는 아르곤이라고 이름 지었다.

이후 램지는 클레브석이라는 광물로부터 헬륨을 분리했고, 크립톤과 네온과 제논을 발견했으며, 1910년에는 라돈이 비활성 기체의 하나임을 밝혔다. 결국 그는 주기율표에 비활성 기체라는 새로운 족을 덧붙이는 업적을 이루었는데, 주기율표의 창시자인 러시아의 화학자 드미트리 멘델레예프는 처음에는 부정하다가 나중에야 비로소 이를 인정했다. 말쑥한 용모의 스코틀랜드 화학자 램지는 이와 같은 업적들을 통해 과학사에 뚜렷한 족적을 남기게 되었다.

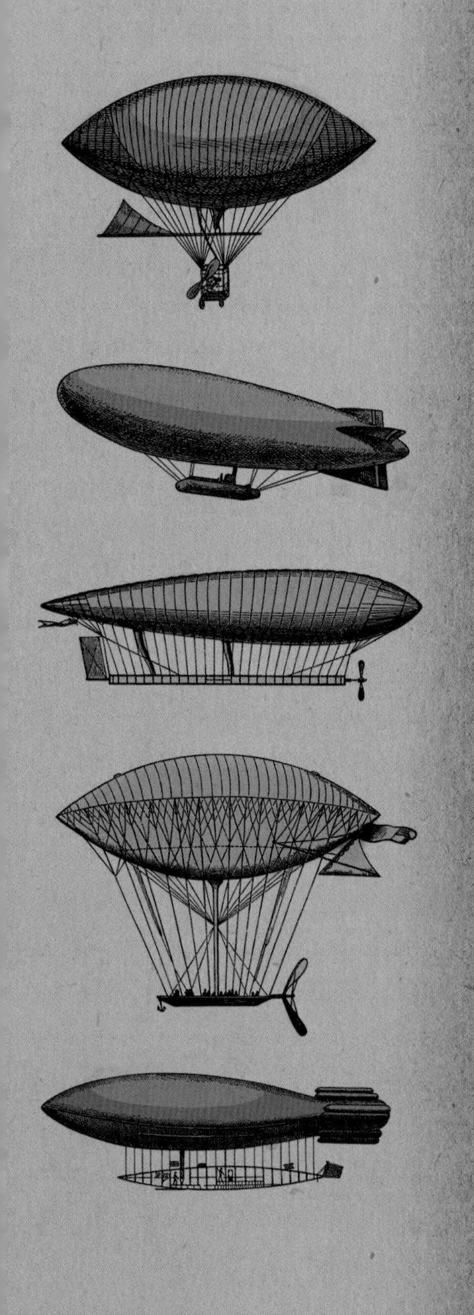

헬륨

HELIUM

30초 저자
브라이언 클렉

이 가벼운 비활성 기체는 우주 전체 질량의 약 25퍼센트를 차지한다. 하지만 1868년 영국의 천문학자 노먼 로키어가 햇빛에서 새로운 스펙트럼선을 발견할 때까지 세상에 알려지지 않았다. 분광법은 넓은 파장 범위의 빛이 시료에 비춰진 뒤 산란되거나 통과된 빛을 분석하는 방법이다. 그러면 시료에 들어 있는 각각의 물질은 특징적인 자취를 남기는데, 이를 이용하면 멀리 떨어진 별의 성분도 알아낼 수 있다. 프랑스의 천문학자 줄 장상도 햇빛에서 예상치 못했던 이 스펙트럼선을 발견했지만 이게 새로운 원소의 것임을 밝힌 사람은 로키어로서 헬륨이라고 이름 지었다. 1890년대에 영국의 화학자 윌리엄 램지는 클레브석을 산에 녹여서 이 기체를 분리해냈는데, 오늘날에는 주로 천연가스 추출 과정의 부산물로 얻는다. 헬륨은 여러 잔치에서 공중에 띄우는 풍선을 통해 우리에게 잘 알려져 있으며, 이를 이용하여 규모를 키워 만든 게 비행선이다. 헬륨을 들이마시면 목소리가 묘하게 변하는데, 이는 헬륨에서의 음속이 공기에서보다 훨씬 빠르기 때문이다. 헬륨의 끓는점은 4K(-269℃ -452°F)에 불과하므로 특수한 기기를 냉각하는 데에 유용한데, 대표적으로는 MRI에 쓰이는 자석을 들 수 있다.

관련 원소
네온(Ne 10)
67쪽

아르곤(Ar 18)
69쪽

크립톤(Kr 36)
53쪽

3초 인물 소개
노먼 로키어
1836~1920
햇빛에서 헬륨의 스펙트럼선을 발견한 영국의 천문학자.

윌리엄 램지
1852~1916
헬륨을 처음 분리해낸 영국의 화학자.

3초 배경
원소기호: He
원자번호: 2
어원: 처음 이 원소가 관찰되었던 태양을 뜻하는 그리스어 헬리오스(helios)에서 유래.

3분 반응
빅뱅이 일어나고 얼마 지나지 않아 극도로 뜨거운 물질들의 '수프'가 식으면서 원자들이 생성되었다. 헬륨은 이때 처음 생성된 두 원소 중 하나며 다른 하나는 바로 수소이다. 하지만 이후 별들의 핵반응을 통해 더욱 많은 양이 만들어졌다. 별에서 일어나는 핵융합 반응의 주원료는 수소이고 주산물은 헬륨이다. 헬륨 원자의 핵은 양성자 두 개와 중성자 두 개로 이루어져 있는데, 방사성 붕괴에서 흔히 방출되는 알파 입자의 구성과 같다.

헬륨은 여러 잔치에서 천장으로 떠오르는 풍선들을 통해 우리에게 잘 알려져 있는데, 이를 채운 비행선은 한때 미래의 비행 수단으로 여겨지기도 했다. 이게 새로운 원소임을 밝힌 사람은 노먼 로키어다.

10
Ne

네온

NEON

30초 저자
휴 앨더시 윌리엄스

1890년대에 영국의 화학자 윌리엄 램지는 당시의 신기술인 공기 액화법을 이용하여 그때까지 그 존재가 거의 예상되지 못했던 미량의 성분들을 분리해낼 수 있었다. 그는 오늘날 비활성 기체라고 부르는 것들 중 5가지의 새로운 원소를 분리해냈는데, 네온은 그중 하나로서 공기의 약 6만 분의 1 정도를 차지한다. 램지는 이 빛나는 업적으로 1904년에 노벨 화학상을 받았다. 그는 이 기체들이 방전에 의해 높은 에너지 상태로 올라갔다가 다시 낮은 에너지 상태로 떨어질 때 각각의 원소들이 방출하는 독특한 스펙트럼선을 조사하여 새로운 원소들임을 밝혀냈다. 네온은 이때 붉은색을 내뿜는데 이를 본 영국인 동료 화학자 모리스 트레버스는 흥분에 겨워 "눈부신 선홍색 빛"이라고 기록했다. 네온은 활성이 아주 낮아서 화합물을 전혀 만들지 않는다. 하지만 이처럼 낮은 활성에도 불구하고 그 독특한 빛 때문에 실험실 밖에서 가장 많이 알려진 원소의 하나다. 네온이 방전을 통해 에너지를 받으면 네온 속의 전자가 높은 에너지의 궤도로 올라가는데, 거기에 오래 머물지 못하고 곧 다시 떨어지면서 흡수했던 에너지를 빛으로 방출한다. 오늘날 우리가 말하는 네온사인은 다른 비활성 기체들도 사용하여 다양한 색깔을 만들어낸다. 네온은 빨강색만 내놓지만 이 빛들 전체를 대표하는 '네온사인'이란 용어에 쓰이고 있다.

관련 원소
헬륨(He 2)
65쪽
아르곤(Ar 18)
69쪽
제논(Xe 54)
53쪽

3초 인물 소개

드미트리 멘델레예프
1834~1907
러시아의 화학자로 한때 램지가 새 원소들을 추가하여 주기율표를 확장하는 것에 반대했지만 결국 받아들였다.

조르주 클로
187~1960
네온사인을 고안한 프랑스의 발명가.

브루스 노먼
1941~
네온을 자주 활용한 미국의 예술가.

3초 배경
원소기호: Ne
원자번호: 10
어원: 새롭다는 뜻의 그리스어 네온(neon)에서 유래.

3분 반응
가볍고 화학적으로 가장 안정한 원소들 가운데 하나인 네온은 우주 전체적으로 보면 수소, 헬륨, 산소, 탄소에 이어 다섯 번째로 많다. 네온은 알파 과정을 통해 만들어지는데, 이는 알파 입자라고도 부르는 헬륨의 원자핵을 가벼운 원소들에 덧붙여 차츰 더 무거운 원소들을 만드는 핵반응을 가리킨다. 헬륨의 원자핵은 네 개의 핵자(양성자 두 개와 중성자 두 개)로 이루어져 있지만 탄소와 산소와 네온의 원자핵은 각각 12, 16, 20개의 핵자로 이루어져 있다.

네온의 빛이 아무리 밝아도 네온을 비롯한 여러 비활성 기체를 발견한 윌리엄 램지의 업적이 빛을 잃지는 않을 것이다.

18

Ar

아르곤

ARGON

30초 저자

필립 볼

아르곤은 우리 주위의 도처에 있어서 대기 전체로 보면 무려 50조 톤이나 되지만 19세기 말에 이르도록 발견되지 않았다. 이는 아르곤이 자신을 드러낼 행동을 거의 하지 않기 때문으로, 같은 족에 속하는 다른 기체들과 마찬가지로 아르곤도 비활성이다. 사실 아르곤도 완전히 '게으른' 것은 아니지만 아무튼 이 특징이 그 이름의 유래이다. 아르곤의 최외각에 있는 전자들은 이미 포화 상태여서 다른 물질들과 화학 반응을 통해 전자를 주거나 받지 않는다. 따라서 공기의 조성을 조사하는 과정에서 비로소 그 존재가 드러났으며, 그 비율은 1퍼센트가량이다. 1785년 영국의 화학자 헨리 캐번디시는 공기에 비활성인 부분이 있음을 알아차렸다. 하지만 계속 연구하지는 않았고 결국 1894년 역시 영국의 과학자인 레일리와 램지가 이를 공기 중의 질소로부터 분리하게 되었다. 오늘날 매년 수백만 톤의 아르곤이 여러 곳에 쓰이는데 그중 75퍼센트가량은 액체 공기에서 추출된다. 아르곤의 유용성은 비활성이라는 특징에 있다. 곧 독성이나 다른 물질과의 반응을 염려할 필요가 없다는 점이 유용한데, 이 때문에 전등과 형광등과 이중 유리에 채우고, 가정용과 산업용 분무기의 분무제로 쓰이며, 나아가 미래의 우주 로켓에 장착될 이온 엔진의 추진체로도 유망하다.

관련 원소

네온(N 10)
67쪽

크립톤(Kr 36)
53쪽

제논(Xe 54)
53쪽

3초 인물 소개

헨리 캐번디시

1731~1810

아르곤의 존재에 대한 암시를 1785년에 처음으로 찾아낸 영국의 화학자.

존 스트러트(레일리 경),

1842~1919

윌리엄 램지

1852~1916

1894년에 아르곤을 함께 발견한 영국의 과학자들.

3초 배경

원소기호: Ar

원자번호: 18

어원: 활성이 없고 게으르다는 뜻의 그리스어 아르고스(argos)에서 유래.

3분 반응

아르곤도 다른 물질들과 반응을 시킬 수 있지만 그 정도는 아주 미미하다. 2000년에 헬싱키대학교의 한 연구팀은 −246℃(−411℉)에서 고체로 얼어붙은 아르곤에 플루오린화수소를 투입하여 반응을 일으켰다고 발표했다. 그 결과 플루오린수소화아르곤(HArF)이 만들어졌는데, 그 결합력은 매우 약해서 온도를 조금만 높이면 금세 분해되고 만다.

처음에 아르곤은 분리하기가 아주 어려워서 레일리는 "같은 무게의 금값보다 수천 배나 비싸다"라고 말했다. 하지만 오늘날에는 여러 곳에 널리 쓰이므로 대량으로 생산된다.

전이원소 ◑

전이원소
용어해설

광석 대체로 금속처럼 가치 있는 물질을 함유하여 채굴의 대상이 되는 암석.

광자 전자기파 에너지의 기본 단위가 되는 입자. 흔히 말하는 빛, 전파, 전자파는 모두 전자기파에 속한다.

사중 결합 두 원자가 8개의 전자를 이용하여 만드는 화학 결합. 단일 결합은 2개의 전자로 이루어지며, 따라서 이중 결합과 삼중 결합에는 각각 4개와 6개의 전자가 필요하다. 사중 결합은 전이원소에서 흔히 발견되며, 대표적인 예로는 레늄과 크로뮴을 들 수 있다.

아말감 수은과 다른 금속들과의 합금. 대부분의 금속은 아말감을 이루는데 철은 대표적인 예외이다. 수은을 은과 주석 및 다른 금속들과 섞어서 만든 치과용 아말감은 19세기 이후 널리 쓰였다. 하지만 오늘날에는 수은의 독성에 대한 우려 때문에 그 사용이 줄어들고 있다.

연성 잡아당겼을 때 기다란 선으로 늘여질 수 있는 성질.

염(salt) 산과 염기 사이의 중화 반응으로 만들어지는 이온성 화합물.

이성질체 분자식은 같지만 구조식은 다른 물질. 분자식은 단순히 어떤 분자에 들어 있는 원소들의 종류와 개수만 나타냄에 비해 구조식은 이 원소들이 구체적으로 결합된 모습까지 보여준다. 예를 들어 탄소와 수소로 이루어진 탄화수소 물질들은 탄소와 수소의 개수가 같더라도 그 구체적인 결합 방식이 달라서 물성까지 달라지는 여러 가지의 이성질체들로 존재할 수 있다.

전이원소 주기율표의 3족부터 12족까지의 원소들을 전이원소라고 부르는데, 대부분 밀도가 높고 단단하며 전기와 열의 좋은 전도체이다. 이 원소들은 다른 원소들과 결합할 때 우선 최외각의 전자를 사용하지만 때로 그 아래의 껍질에 있는 전자들까지 사용할 수도 있다.

	원소기호	원자번호
스칸듐	Sc	21
타이타늄	Ti	22
바나듐	V	23
크로뮴	Cr	24
망가니즈	Mn	25
철	Fe	26
코발트	Co	27
니켈	Ni	28
구리	Cu	29

아연	Zn	30
이트륨	Y	39
지르코늄	Zr	40
나이오븀	Nb	41
몰리브데넘	Mo	42
테크네튬	Tc	43
루테늄	Lu	44
로듐	Rh	45
팔라듐	Pd	46
은	Ag	47
카드뮴	Cd	48
루테튬	Ru	71
하프늄	Hf	72
탄탈럼	Ta	73
텅스텐	W	74
레늄	Re	75
오스뮴	Os	76
이리듐	Ir	77
백금	Pt	78
금	Au	79
수은	Hg	80
러더포듐	Rf	104
두브늄	Db	105
시보귬	Sg	106
보륨	Bh	107
하슘	Hs	108
마이트너륨	Mt	109
다름슈타튬	Ds	110
뢴트게늄	Rg	111
코페르니슘	Cn	112

절연체 전기를 통하지 않는 물질.

준안정 상태 원자나 분자가 비교적 오래 머물 수 있는 상태들을 뜻하는데, 가장 안정한 상태와 가장 불안정한 상태 사이의 여러 곳에 생길 수 있다.

중금속 전이원소, 준금속, 란타넘족, 악티늄족에 속하는 원소들 중 금속성을 가진 한 무리의 금속들로서, 흔히 철이나 아연보다 무거운 것들을 가리킨다. 대표적인 예로는 수은과 납과 카드뮴을 들 수 있는데, 인체에 들어오면 독성을 나타낸다.

초중원소(superheavy element) 원자번호가 92인 우라늄보다 무거운 원소들을 가리킨다(34~35p 참조). 하지만 때로는 원자번호가 100보다 큰 원소들을 가리키기도 한다.

합금 둘 이상의 원소로 만들어진 금속성의 물질로서 성분의 하나는 반드시 금속인 물질. 합금은 대개 순수한 금속보다 단단하거나 부식에 강하다. 예컨대 황동은 구리 70과 아연 30의 합금이며, 청동은 구리 90과 주석 10의 합금이다.

핵이성질체 원자핵 안의 양성자와 중성자들 가운데 일부가 준안정상태로 올라가 있는 상태의 원자핵을 가리킨다.

24
Cr

크로뮴

CHROMIUM

30초 저자
휴 앨더시 윌리엄스

크로뮴은 철, 코발트, 니켈, 구리 등과 함께 이른바 전이원소라고 부르는 무리들 가운데 하나다. 크로뮴의 화합물은 예전부터 많은 물감과 페인트의 원료로 쓰여왔는데 예를 들어 크로뮴 옐로는 순수한 크로뮴산납의 색깔이다. 또한 루비와 에메랄드의 색깔은 본래는 투명한 결정에 산화크로뮴이 소량의 불순물로서 함유되어 나타내는 것이다. 크로뮴은 1798년 프랑스의 화학자 루이 니콜라스 보클랭이 보석들의 색깔을 해명하기 위해 분류하는 과정에서 발견되었는데, 나중에 베릴륨도 같은 방식으로 발견되었다. 크로뮴과 철의 합금인 스테인리스강은 산화하지 않으므로 녹이 슬지 않는다. 주방용품에 쓰이는 스테인리스강에는 크로뮴을 18퍼센트까지 섞으며, 해양용의 것에는 더욱 많이 넣기도 한다. 하지만 우리에게 크로뮴은 도금으로 가장 잘 알려져 있는데, 이게 대규모로 쓰이게 된 것은 1920년대에 개발된 전기도금 덕분이었다. 그리하여 크롬(Chrome)이란 말은 대량 소비 사회의 상징으로 채택되었으며, 심지어 1933년 미국의 예절 전문가인 에밀리 포스트는 "주부들의 기도에 대한 응답"이라고 기리기도 했다. 하지만 요즘에 들어 이 친숙한 크로뮴 도금의 얇은 막은 겉모습만 화려한 것에 대한 비유로 격하된 듯하다.

관련 원소
철(Fe 26)
77쪽
구리(Cu 29)
79쪽

3초 인물 소개
콜린 핑크
1881~1953
미국의 화학자로 컬럼비아대학교에서 크로뮴 도금 기술을 완성했다.

할리 얼
1893~1969
미국의 산업 디자이너로서 '디트로이트의 다빈치'라고 불렸는데 자동차의 치장에 크로뮴을 많이 사용했다.

3초 배경
원소기호: Cr
원자번호: 24
어원: 색깔을 뜻하는 그리스어 크로마(chroma)에서 유래.

3분 반응
황산크로뮴 용액은 19세기 중반부터 가죽의 방수성을 높이기 위한 무두질에 많이 쓰였다. 그런데 이 과정에서 일어나는 무기 크로뮴 화합물과 가죽의 유기 콜라겐 사이의 반응은 아주 복잡하다. 여기서 생기는 크로뮴산 염은 사람에게 암을 일으키는데, 강물에 방류된 무두질의 폐기물에서 유출된다. 또한 크로뮴의 다른 화합물에는 이보다 더 유독한 것들도 있어서 환경오염의 우려가 높아지고 있다.

크로뮴은 여러 가지의 산화 상태를 이용하여 예술가들이 사랑하는 넓은 범위의 색깔을 만들어낸다. 하지만 우리에게는 크로뮴 자체의 도금이라는 용도를 통해 가장 잘 알려져 있다.

26
Fe

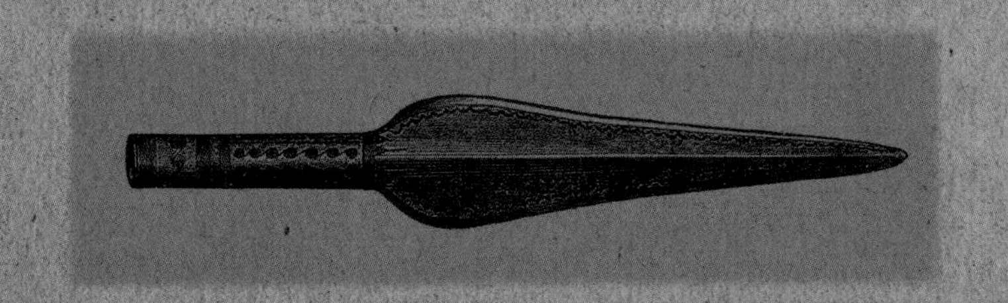

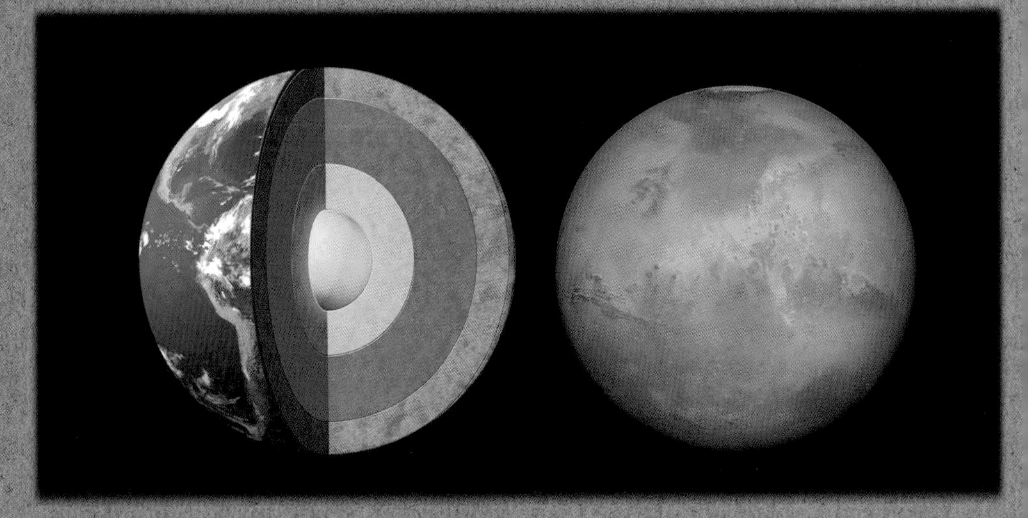

철

IRON

철은 산화물로 된 철광석을 비롯한 여러 광물의 형태로 지각의 약 5퍼센트를 차지하며 지각에 존재하는 원소들 가운데 네 번째로 풍부하다. 한편 지구의 핵은 대부분 철인데, 외핵은 고체이고 내핵은 액체이다. 외핵에서 자기를 띠고 꿈틀거리는 철은 지구를 태양풍으로부터 보호해주는 지구 자기장의 원천이다. 피가 붉은 이유는 산소를 나르는 헤모글로빈이 품고 있는 철의 색깔 때문이다. 인류 역사에서 철의 중요성은 철기시대라고 부르는 시기가 잘 보여준다. 이 시대는 기원전 1500년 무렵에 중동에서 시작되었다. 철의 제련법을 처음 터득한 히타이트인은 소아시아를 휩쓸었는데, 나중에 역시 철로 무장한 로마인들은 전 세계의 절반을 정복했다. 이보다 앞선 청동기 시대에 만들어진 칼들은 훨씬 강한 철로 만든 번득이는 칼들의 적수가 되지 못했다. 철에 소량의 탄소를 섞으면 더욱 단단한 강철이 된다. 순수한 철은 강철보다 연하지만 철을 광석에서 추출할 때 탄소를 함유한 연료를 써야 하므로 처음 제련된 철은 일종의 강철이다. 가장 좋은 강철은 탄소의 함량을 정확히 조절해서 얻는데, 이런 기술은 19세기 중반에 들어서야 가능해졌다. 그 결과 오늘날의 기술자들은 강철 다리 등을 건설할 때 구조물이 손상될 우려를 많이 덜게 되었다.

30초 저자
필립 볼

3초 배경
원소기호: Fe
원자번호: 26
어원: 영어 iron과 원소기호 Fe는 각각 앵글로색슨어의 이렌(iren)과 라틴어 페룸(ferrum)에서 유래.

3분 반응
모든 원소들 가운데 철의 원자핵은 가장 안정하므로 핵이 쪼개지는 핵분열이나 합쳐지는 핵융합 반응을 하지 않는다. 대략 말하면 이와 같은 안정성은 구성 핵자들의 이상적인 균형에서 유래한다. 양성자와 중성자를 가리키는 핵자의 수가 적으면 부피에 비해 표면적이 커서 물방울들이 합쳐지는 것처럼 핵융합을 선호한다. 반면 양성자가 너무 많으면 전기적 반발력이 커져서 핵분열을 선호한다. 철은 이 두 경향이 최저인 원소이며 따라서 별에서 일어나는 핵융합은 철이 생성되면 더 이상 진행되지 않는다.

관련 원소
크로뮴(Cr 24)
75쪽
니켈(Ni 28)
73쪽
구리(Cu 29)
79쪽

3초 인물 소개
토베른 베르크만
1735~1784
스웨덴의 화학자로 탄소에 의해 철의 성질이 바뀌는 과정을 밝혀냈다.

헨리 베세머
1813~1898
영국의 기술자로 현대적인 강철 제조법을 창안했다.

화성이 '붉은 별'이라고도 불리게 된 것은 화성의 토양에 풍부한 산화철의 색깔이 붉기 때문이다. 영국 슈롭셔 지방에 있는 아이언브리지 협곡의 이름은 1779~1781년 그 지역에 건설된 30미터 길이의 철교에서 유래했다.

29
Cu

구리

COPPER

낮익은 황적색을 띤 구리는 귀금속으로 여기지는 않지만 버려진 건물에서 이를 회수하는 사람들에게는 무척 소중하다. 열과 전기의 아주 좋은 전도체인 구리는 선, 판, 파이프의 형태는 물론 여러 가지 부속품의 형태로도 널리 가공된다. 자연에서는 원소 자체로 존재하지만 황을 비롯한 여러 가지 광물과 결합되어 있다. 구리의 강도는 아연보다 높고 철보다 낮은데, 다른 금속들과 1,000가지가 넘는 방법으로 섞어서 강도와 구조를 조절할 수 있다. 청동은 주석을 10퍼센트 함유한 구리 합금으로 인류 역사에서 대략 기원전 3600년에서 600년까지 무려 3,000년이나 지속된 청동기시대의 주역이었다. 이때 구리와 청동은 다양한 무기와 장비들의 주된 재료였다. 구리가 공기 중에 노출되면 흙빛의 갈색으로 변하고 세월이 더욱 흐르면 비바람의 작용으로 고색창연하고 우아한 느낌을 주는 연푸른색의 녹청 막으로 뒤덮인다. 그리하여 옛날부터 많은 사람들의 시선을 끌어왔는데, 대표적으로는 뉴욕에 있는 자유의 여신상을 들 수 있다. 구리의 화합물로는 2가 양이온의 염이 흔하며, 터키석이나 공작석과 같은 광물에서 녹색이나 푸른색을 나타낸다. 구리는 동물의 몸속에도 미량으로 존재하는데, 정상적인 물질대사에 필수적이다.

30초 저자

제프리 오언 모런

3초 배경

원소기호: Cu

원자번호: 29

어원: '키프로스의 금속'이라는 뜻의 라틴어 키프리우마에스(cypriumaes)에서 유래했는데, 키프로스는 로마 시대에 구리의 주산지였다.

3분 반응

자연에서 발견되는 구리는 두 가지 동위원소, 곧 69.17퍼센트의 구리-63과 30.83퍼센트의 구리-65의 혼합물이다. 구리는 활성이 낮아서 부식에 강하다. 하지만 산화되면 흑갈색을 띠며 최종적으로는 탄산구리로 된 녹색의 막으로 덮인다. 11족에 함께 속한 금이나 은과 마찬가지로 구리의 원자도 비교적 약한 금속 결합을 만든다. 이에 따라 이 금속들은 연성과 전성이 탁월함은 물론 열과 전기의 아주 좋은 도체다.

관련 원소

은(Ag 47)
85쪽

주석(Sn 50)
129쪽

금(Au 79)
91쪽

3초 인물 소개

프레드릭 바르톨디
1834~1904
뉴욕에 있는 자유의 여신상을 만든 프랑스의 디자이너.

윌리엄 클라크,
1839~1925
마커스 데일리,
1841~1900
오거스터스 헤인즈
1869~1914
'몬태나의 구리 왕'이라고 불린 미국의 기업가들로 몬태나의 구리 채굴 업체들과 싸우면서 주도권을 쟁취했다.

1886년에 세워진 자유의 여신상은 표면이 구리여서 처음에는 구리 자체의 색깔을 띠었다. 하지만 세월이 흐르면서 산화되어 녹청으로 변함에 따라 1900년 이후부터는 푸른색으로 바뀌었다.

43
Tc

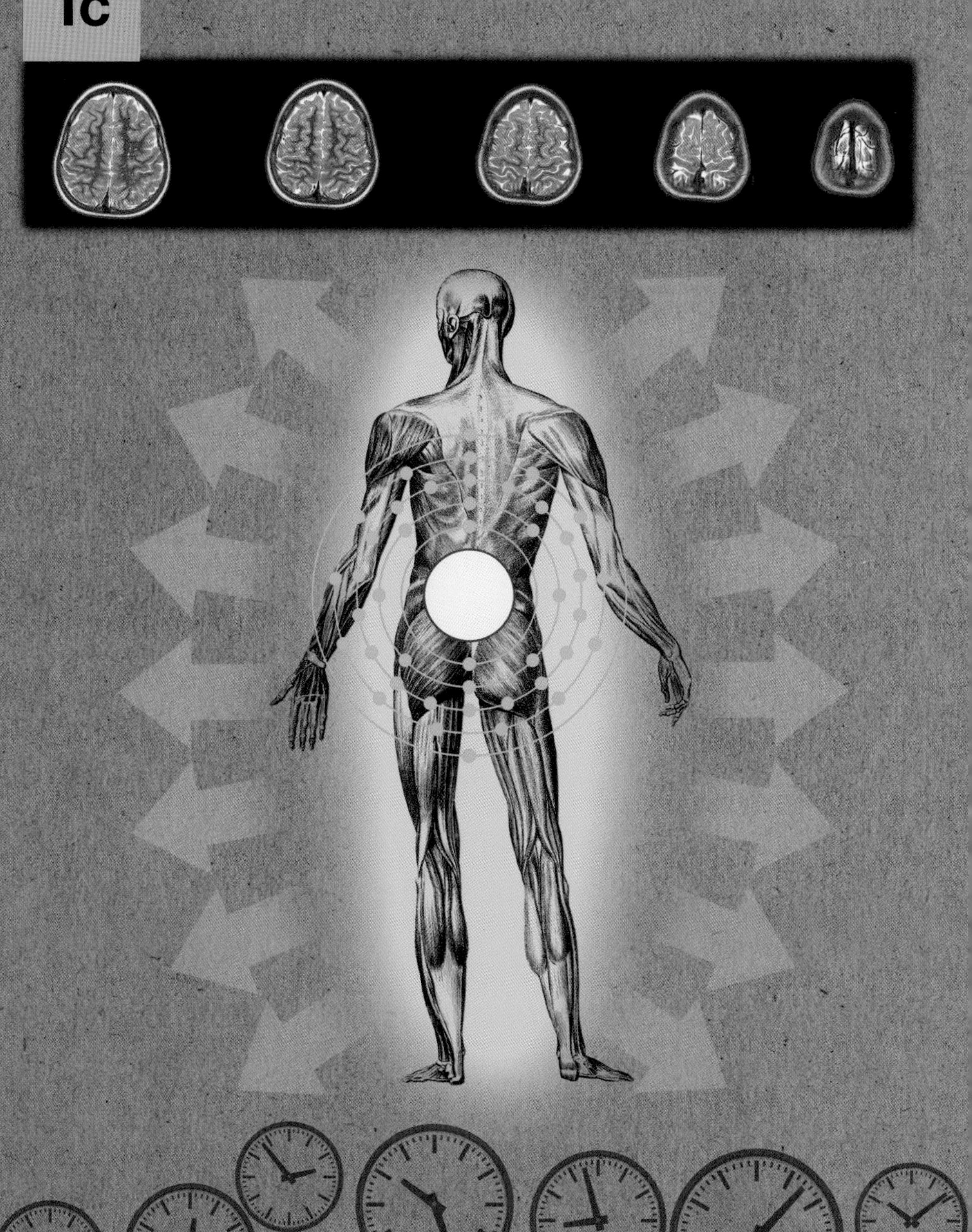

테크네튬

TECHNETIUM

원자번호가 43인 테크네튬은 1937년에 처음 합성되었다. 이 실험은 버클리 캘리포니아대학교에서 행해졌는데, 새로운 원소의 발견은 방사능을 쪼인 몰리브데넘 판이 시칠리아에 도착한 뒤에야 이루어졌다. 거기서 최근에 버클리에서 연구하다가 귀국한 이탈리아의 물리학자 에밀리오 세그레는 동료 화학자 카를로 페리에과 함께 이를 조사했더니 방사능을 쪼인 결과로 원자번호 43의 원소가 생성되었음을 확인했는데, 이는 인공적으로 만들어진 첫 원소였다. 나중에 테크네튬은 자연에서도 생성됨이 알려졌지만 그 양은 미미하다. 원자번호가 43에 불과하다는 점을 고려하면 그 희소성은 자못 놀라운 일인데, 정확한 설명은 복잡하지만 대략 그 동위원소들이 홀수의 양성자와 중성자를 가진다는 점과 관련되어 있다. 테크네튬은 여러 모로 활용되며 그중 하나는 병원에서 사용할 영상을 만드는 의학적 용도인데, 여기에는 준안정 상태에 있는 테크네튬-99의 동위원소가 쓰인다. 이 동위원소가 특히 유용한 까닭은 반감기가 여섯 시간이라는 점에 있다. 이 정도면 진단에는 충분하면서 24시간만 지나도 94퍼센트가량이 붕괴되어 사라지기 때문이다.

관련 원소

망가니즈(Mn 25)
73쪽

레늄(Re 75)
89쪽

보륨(Bh 107)
73쪽

3초 인물 소개

이다 노닥,
1896~1978

발터 노닥
1893~1960

1925년 베를린에서 원자번호 43의 원소를 발견했다고 잘못 주장한 독일의 화학자 부부.

에밀리오 세그레,
1905~1989

카를로 페리에
1886~1948

이탈리아의 물리학자와 화학자로 원자번호가 43인 원소의 진정한 공동 발견자인데, 이들의 업적은 1937년 팔레르모에서 이루어졌다.

30초 저자

에릭 셰리

3초 배경

원소기호: Tc

원자번호: 43

어원: 인공적이라는 의미를 가진 그리스어 테크노스(technos)에서 유래.

3분 반응

1925년 독일의 화학자 이다 노닥과 발터 노닥 부부는 원자번호 43의 원소를 발견했다고 주장하면서 이를 마수리움(masurium)이라고 불렀다. 그리고 21세기에 들어설 때까지도 벨기에의 물리학자 피에테르 반 아셰와 미국의 물리학자 존 T. 암스트롱은 노닥 부부가 1925년에 원자번호 43의 원소를 분리해냈다고 옹호했다. 하지만 최근에 다수의 연구자들은 이게 오류임을 최종적으로 확인했다.

테크네튬의 동위원소인 테크네튬-99은
매년 약 5,000만 개 이상의 의학적 영상을 얻는 데 쓰이고 있으며
핵전지로서의 용도도 제시되어 있다.

1905년 2월 1일
로마 부근의 티볼리에서 출생

1922년
로마대학교에 진학하여
첫 전공은 엔지니어링을
택했으나 나중에 물리학으로
바꾸다

1928년
엔리코 페르미(Enrico Fermi)의
지도 아래 물리학 박사학위를
받다

1928년
이탈리아 육군에서 1년 간
복무하다

1932년
로마대학교의 조교수로
임명되다

1936년
팔레르모대학교 물리연구소의
소장으로 임명되다

1937년
테크네튬을 최초로 분리하다

1938년
이탈리아의 반유태인법에 의해
해임되다

1940년
아스타틴을 분리하고
플루토늄-239가 핵분열을
한다는 점을 밝히다

1943~1946년
미국 로스알라모스
국립연구소에서 진행된 맨해튼
계획의 한 팀장으로 임명되다

1959년
노벨 물리학상을 받다

1972년
미국에서 로마로 돌아와
핵물리학 교수로 지내다

1989년 4월 22일
심장마비로 사망

에밀리오 세그레

1920년대까지도 드미트리 멘델레예프가 만든 주기율표의 몇 가지 원소들은 여전히 발견되지 않았다. 이 원소들은 방사성일 뿐 아니라 멘델레예프가 예언하지도 않았기에 이제는 물리학자들이 그 탐사에 나설 차례였다. 노벨 물리학상에 빛나는 에밀리오 세그레는 지구에서 발견되지 않고 인공적으로 합성된 원소들을 발견한 과학자로서 원자와 핵 연구 분야의 선구자였다.

1905년 로마 부근의 티볼리에서 태어난 세그레는 로마대학교에서 물리학을 공부했다. 그는 20세기의 선구적인 핵물리학자의 한 사람인 엔리코 페르미의 지도를 받으며 박사학위를 받았다. 1930년대에 세그레는 로마대학교에서 페르미의 새로운 팀에 참여하여 연구했는데, 이들은 중성자 충돌이라는 획기적인 발견으로 이름을 날렸다. 특히 저속 중성자의 생산은 중요한 업적으로서 나중에 핵분열 반응을 일으키는 데에 쓰였다.

1936년 세그레는 팔레르모대학교 물리연구소의 소장으로 임명되어 로마대학교에서의 경험을 효과적으로 활용했다. 과학자들은 주기율표의 망가니즈 아래에 빈자리가 있음을 알고 있었으며 그 특성을 예측하려고 노력했다. 하지만 원자번호 43의 이 원소는 쉽게 발견되지 않았다.

1937년 버클리 캘리포니아대학교의 과학자들은 세그레와 광물학자 카를로 페리에에게 사이클로트론을 이용하여 중수소의 원자핵을 충돌시켰더니 변칙적으로 방사능을 나타내는 몰리브데넘의 기다란 조각을 보냈다. 세그레는 이 방사능이 테크네튬에서 나온다는 사실을 밝혀냈고, 그의 이름은 인공적으로 처음 합성된 원소의 발견자로 기록되었다. 테크네튬의 반감기는 400만 년쯤이므로 지구가 생성된 45.7억 년 전에 존재했던 테크네튬은 오래전에 이미 거의 모두 사라졌다.

세그레는 유태인이었던 까닭에 1936년 연구를 위해 캘리포니아대학교로 갔을 때 무솔리니의 파시스트 정권은 팔레르모대학교의 직위를 박탈해버렸다. 제2차 세계대전 중에 그는 버클리 캘리포니아대학교에서 아스타틴의 발견에 기여했고, 플루토늄-239가 핵분열을 한다는 사실을 밝혀냈다. 1943년 세그레는 맨해튼 계획의 한 팀을 이끌었는데, 여기서 개발된 플루토늄-239를 이용한 원자폭탄은 1945년 8월 29일 일본의 나가사키에 투하되어 끔찍한 피해를 입혔다.

세그레는 이후 미국 시민권을 얻어 1972년까지 버클리에서 교수로 지냈다. 미국의 물리학자 오언 체임벌린(Owen Chamberlain, 1920~2006)과 함께 연구를 하면서 반양성자를 발견했으며, 이 업적으로 두 사람은 1959년에 노벨 물리학상을 공동으로 수상했다.

47
Ag

은

SILVER

30초 저자
존 엠슬리

모든 금속들 가운데 은은 세 가지 점에서 특히 두드러진다. 열을 가장 잘 전달하고, 전기를 가장 잘 통하며, 반사율이 가장 높다는 게 그것들이다(반사율은 표면이 반사를 얼마나 잘 하는지를 나타내는 용어이다). 그리하여 연삭 바퀴와 전자 부품과 거울 등에서 보듯 이 특징들은 상업적으로 많이 활용된다. 은납은 연삭 바퀴에 공업용 다이아몬드를 붙이는 데 쓰이는데, 이는 은이 이 기구를 사용할 때 발생하는 열을 잘 발산하기 때문이다. 또한 은은 전기 회로를 깨끗하게 연결하거나 끊을 수 있으므로 전기 및 전자 부품에 널리 쓰인다. 그리고 거울 외에도 트로피나 특별한 식기류를 만드는 데 쓰인다. 은의 주요 광물은 황화은을 함유하는 황은광이지만 대부분의 은은 구리와 납의 정제 과정에서 부산물로 얻어진다. 은의 염들은 빛에 민감하므로 사진 필름을 만드는 데에 필수적이다. 또한 변색 선글라스에도 쓰이는데, 이 선글라스의 유리에 햇빛이 닿으면 무색의 은 이온 Ag^+가 구리 원자로부터 전자를 빼앗아 금속 은으로 바뀌면서 색깔이 어두워지고 햇빛이 사라지면 전자가 다시 구리에게 돌아가므로 유리도 투명하게 바뀐다. 은은 박테리아와 바이러스에게 치명적이어서 질산은은 상처를 치료할 때의 소독약으로 쓰이기도 했는데, 오늘날에는 페인트에 투입되어 물체의 표면에 병원균이 살지 못하도록 하는 데 활용된다.

관련 원소
구리(Cu 29)
79쪽
금(Au 79)
91쪽

3초 인물 소개

조제프 니세포르 니엡스
1765~1833
1816년에 염화은을 이용하여 최초의 사진을 얻은 프랑스의 발명가.

존 라이트
1808~1844
1840년에 은으로 다른 금속을 도금하는 방법을 발견한 영국의 의사.

칼 프란츠 크레데
1819~1892
1884년에 신생아의 안염 바이러스를 퇴치하기 위해 질산은 안약을 처음 사용한 독일의 산부인과의사.

3초 배경
원소기호: Ag
원자번호: 47
어원: 영어 silver와 원소기호 Ag는 각각 앵글로색슨어의 시올푸르(siolfur)와 라틴어 아르겐툼(argentum)에서 유래.

3분 반응
은은 화폐 금속이라고도 부르는 주기율표 11족 원소들의 하나다. 산소와 물에는 안정하지만 황산과 질산에 녹는다. 공기 중에서는 황 화합물들과 느리게 반응하여 검은색의 황화은으로 변한다. 고대에는 은이 달을 나타냈기에 질산은은 루나 코스틱(lunar caustic)이라고 부르기도 했다. 이 염은 물에 매우 잘 녹으며 부식제로 널리 쓰였다. 반면 염화은은 전혀 녹지 않으므로 은을 침전시키는 방법으로 쓰였다.

전도율과 반사율을 다투는 시합이 있다면 그 금메달은 은의 것이다.
올림픽 선수가 아닌 일반인이라면 아마 은으로 도금된
식기류를 통해 은을 가장 많이 만져보게 될 것이다.

72
Hf

하프늄

HAFNIUM

하프늄은 잘 늘어나는 은빛의 금속으로 잘 부식되지 않는다. 원자번호 72의 이 금속이 가장 눈길을 끄는 점은 발견의 우선권을 둘러싼 논쟁이다. 이를 처음 발견했다고 믿은 사람들 가운데 한 사람으로는 우선 1911년 이를 발견했다고 주장한 프랑스의 무기 화학자 조르주 우르뱅을 들 수 있다. 하지만 나중에 영국의 물리학자 헨리 모슬리가 엑스선을 이용하여 원자번호를 정확히 판정하는 방법을 개발하여 우르뱅이 72번 원소를 분리한 게 아니라는 점을 밝혔다. 그러나 몇 년 뒤 우르뱅의 주장은 다시 부활했는데, 이때는 프랑스와 영국의 대중 언론들이 이를 지지했다. 당시는 제1차 세계대전이 끝난 지 얼마 지나지 않았으므로 한편으로는 영국과 프랑스 그리고 다른 한편으로는 독일 계통의 나라들 사이에 강한 경쟁의식이 깔려 있었다. 그런데 덴마크는 독일 계통의 나라도 아니었고 덴마크에서 하프늄을 발견한 두 과학자 더크 코스터와 조르주 드 헤베시는 각각 네덜란드와 헝가리 출신이어서 덴마크 사람도 아니었다. 하지만 그럼에도 불구하고 이들은 언론을 통한 중상모략에 시달려야 했는데, 아무튼 최종적으로 명확한 엑스선 증거가 제시되어 새 원소의 발견자로 공인받게 되었다. 하프늄은 원자로의 제어봉으로 쓰이며, 컴퓨터와 우주 산업 등에서 보는 여러 첨단 합금의 원료로도 많이 쓰인다.

관련 원소

타이타늄(Ti 22)
73쪽

지르코늄(Zr 40)
73쪽

러더포듐(Rf 104)
73쪽

3초 인물 소개

조르주 우르뱅
1872~1936
1911년 원자번호 72의 원소 하프늄을 처음 발견했다고 잘못 주장한 프랑스의 화학자. 그는 이를 켈튬(celtium)이라고 불렀다.

조르주 드 헤베시
1885~1966
하프늄을 공동으로 발견한 헝가리의 방사능 화학자.

더크 코스터
1889~1950
하프늄을 공동으로 발견한 네덜란드의 물리학자.

프리츠 파네트
1887~1958
헤베시와 코스터에게 지르코늄의 광물에서 원자번호 72의 원소를 찾아보라고 제안한 오스트리아의 방사능 화학자.

30초 저자
에릭 셰리

3초 배경
원소기호: Hf
원자번호: 72
어원: 이 원소가 발견된 덴마크의 수도 코펜하겐의 라틴어 하프니아(Hafnia)에서 유래.

3분 반응
하프늄은 희소한 원소는 아니지만 주기율표의 바로 위에 있는 지르코늄과 아주 비슷하기 때문에 분리해내기가 어렵다. 이 두 원소는 $ZrSiO_4$가 주성분인 지르콘과 같은 광물들에 대개 함께 함유되어 있다. 하프늄은 중성자를 잘 흡수하므로 원자로의 제어봉으로 많이 쓰인다.

하프늄은 지르코늄 광물에서 추출되며,
합금의 원료와 원자력 발전소의 제어봉으로 많이 쓰인다.

75
Re

레늄

RHENIUM

30초 저자
에릭 셰리

레늄은 주기율표 7족의 망가니즈에서 두 칸 아래에 자리 잡고 있다. 러시아의 화학자 드미트리 멘델레예프가 1869년에 레늄과 그 바로 위 원소의 존재를 예언했다. 독일의 발터 노닥과 이다 타케 및 오토 베르크는 1925년에 이를 발견했는데, 발터 노닥은 나중에 이다 타케와 결혼했다. 이들은 660킬로그램에 이르는 엄청난 양의 휘수연석을 처리하는 힘겨운 노력 끝에 겨우 1그램의 레늄을 얻어냈다. 최근까지도 레늄이 비금속과만 결합한 광물은 발견되지 않았다. 하지만 1992년 러시아의 연구팀은 러시아 동부의 섬에 있는 화산의 분화구 부근에서 이황화레늄을 발견했다. 다른 많은 금속들은 녹는점에 가까워지면 부스러지기 쉬운 경향을 보이지만 레늄은 그렇지 않다. 이처럼 높은 온도에서도 높은 강도와 연성을 유지하므로 고온에서 작동하는 기계들을 만드는 데에 적합하다. 최근에는 비교적 단순한 화합물인 이브로민화레늄이 가장 단단한 물질들 가운데 하나로 밝혀짐에 따라 많은 주목을 받고 있다. 게다가 이것은 다른 초경도 물질들과 달리 고압에서 만들 필요도 없다.

관련 원소
보륨(Bh 107)
73쪽
망가니즈(Mn 25)
73쪽
테크네튬(Tc 43)
81쪽

3초 인물 소개
발터 노닥,
1893~1960
이다 노닥
1896~1978
레늄을 공동으로 발견한 독일의 화학자 부부.

앨버트 코튼
1930~2007
레늄을 이용하여 금속과 금속 사이의 사중 결합을 최초로 밝혀낸 미국의 화학자.

3초 배경
원소기호: Re
원자번호: 75
어원: 라인강을 가리키는 라틴어 레누스(Rhenus)에서 유래.

3분 반응
레늄의 산화 상태의 범위는 −1부터 +7까지로서 모든 원소들 가운데 가장 넓으며 +7의 상태가 가장 흔하다. 그 양이온 화합물 $[Re_2Cl_8]^{2-}$는 1964년 금속과 금속 사이에서 사중 결합을 이루는 최초의 사례로 기록되었다.

마모에 매우 강한 은빛의 금속 레늄은 부식에도 강하여 만년필의 펜촉과 전기 회로의 접점 부분 등에 많이 쓰여왔는데, 선이나 박막으로 만들 수도 있다.

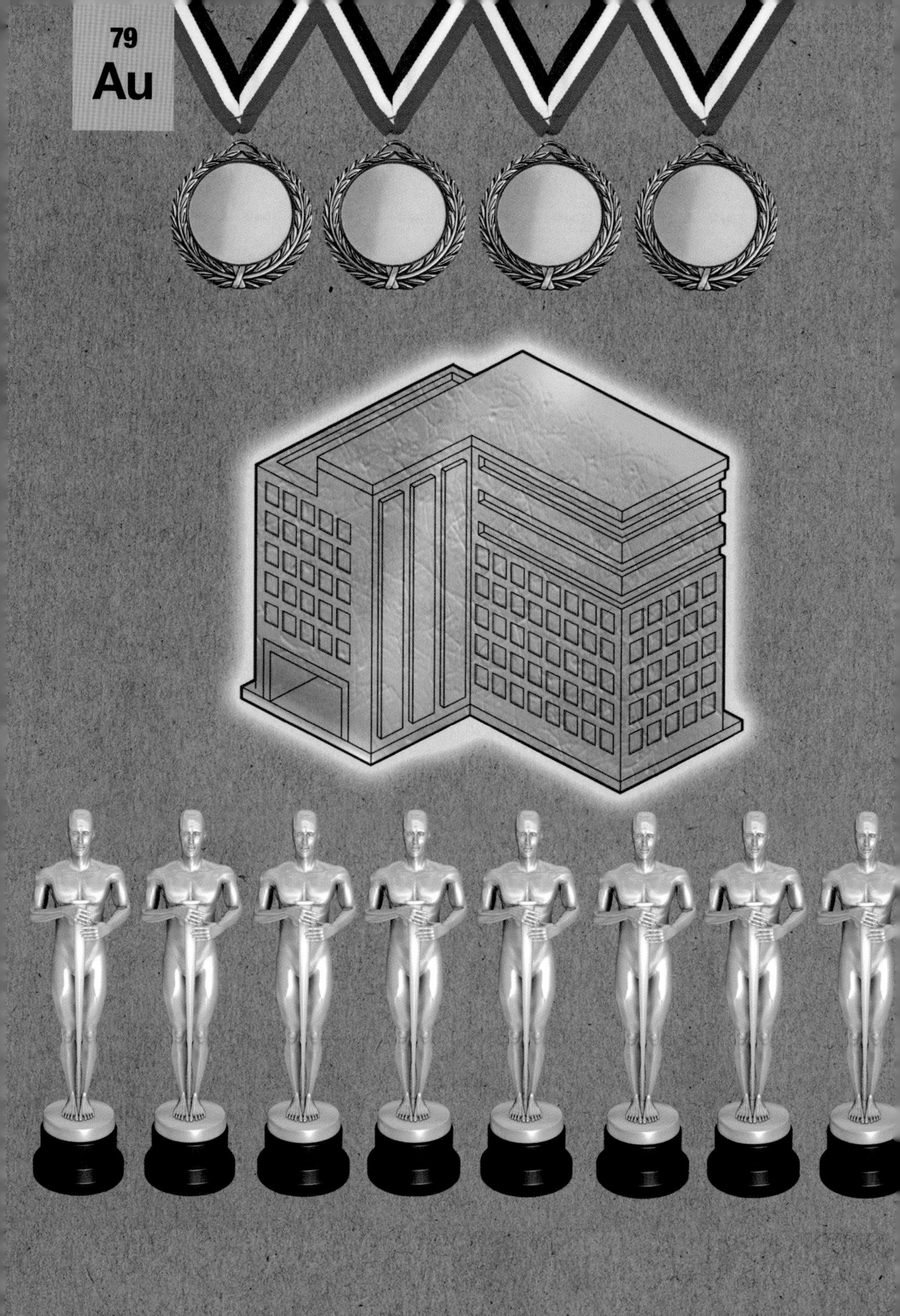
79
Au

금

GOLD

주기율표 가운데 부분에 큰 구역을 차지하는 전이원소의 하나인 금은 무엇보다도 보석과 화폐에 널리 쓰여왔는데, 이는 그 희귀성과 매혹적인 빛깔 및 다루기 쉬운 성질 때문이다. 다른 금속들은 대개 은빛임에 비하여 금이 특유의 노란 금빛을 내는 이유는 금 원자 안의 전자들이 광속에 가까울 정도로 빠르게 움직여서 궤도의 모습이 달라지는 상대론적 효과에 있다. 이로 인해 전자들이 흡수하고 다시 방출하는 광자들의 에너지가 달라져서 특유의 금빛이 나온다. 금의 밀도는 아주 높으므로 지구의 금은 거의 모두 아주 깊은 곳에 있을 것으로 여겨진다. 따라서 우리가 얕은 곳에서 캐내는 금은 지각이 형성된 뒤에 금을 함유한 소행성과 운석들이 지구에 충돌하여 남긴 것들이다. 지금껏 인류가 캐낸 금을 모두 합치면 약 8,000세제곱미터로, 가로와 세로와 높이가 각각 20미터 정도의 작은 건물 크기가 될 것으로 짐작된다. 고대로부터 금은 보석과 관련하여 널리 쓰였으며 지금도 전체 생산량의 절반 정도를 차지한다. 그리고 40퍼센트 정도는 골드바와 화폐를 만드는 데 쓰이며, 나머지는 아주 실용적인 용도에 들어간다. 금은 좋은 전도체이고 공기 중에서 산화하지 않는다. 따라서 전기 회로판과 접점 및 플러그 등에 유용하다.

관련 원소

구리(Cu 29)

79쪽

은(Ag 47)

85쪽

3초 인물 소개

아르키메데스

기원전 287?~212?

금을 물에 담가 밀도를 측정한 고대 그리스의 철학자.

페카 피코

1942~

새로운 금 화합물 몇 가지의 존재를 예언한 핀란드의 양자화학자.

30초 저자

브라이언 클렉

3초 배경

원소기호: Au

원자번호: 79

어원: 노란색을 뜻하는 옛 독일어의 접두어 골(ghol)에서 유래.

3분 반응

금은 반응성이 아주 낮기 때문에 공기 중에서 산화되지 않아 광채가 유지된다. 하지만 질한 질산과 염산을 섞어 만든 왕수에는 녹는다. 은과 백금 및 다른 몇몇 금속들과 함께 귀금속으로 분류되는 금의 전자 궤도는 모두 채워져 있어서 반응성이 낮다. 하지만 약간의 반응을 통해 몇 가지의 화합물을 만드는데, 전형적인 것으로는 $AuCl$이나 Au_2Cl_6와 같은 염화물을 들 수 있다.

금은 최소한 6,000년 전부터 알려져온 것으로 보인다. 금은 변치 않는 매혹적인 광채 때문에 올림픽 금메달과 오스카상의 트로피를 비롯한 수많은 곳에 도금되어왔다.

80
Hg
°C
°F
50
40
30
20
10
0
-10
-20
-30
-40
120
100
80
60
40
20
0
-20
-40

수은

MERCURY

30초 저자
휴 앨더시 윌리엄스

수은은 상온에서 액체로 존재하는 단 두 가지 원소 가운데 하나이며 다른 하나는 브로민이다. 액체 상태의 수은은 아름다운 매력을 풍기는데, 중세의 에스파냐에 자리 잡았던 이슬람 통치자들은 정원에 수은 연못을 만들고 방문객들이 손가락을 담가보도록 하면서 즐겼다고 한다. 수은은 대개 주홍색의 광물인 진사에서 얻어진다. 그 주성분은 황화수은으로, 이는 힌두교의 의식 등에서 보듯 붉은색의 염료로도 쓰인다. 수은은 수천 년 동안 의약품에 사용되었고, 대표적 예로는 배변을 돕는 완하제와 소독약으로 쓰이는 머큐로크롬을 들 수 있는데, 반응성이 더 강한 화합물은 매독의 치료제로도 쓰였다. 또한 수은은 특히 중국의 의약에서도 많은 인기를 끌었다. 하지만 수은은 독성이 아주 강하다. 가죽을 가공하여 모자를 만드는 과정에서 사용된 수은은 신체적으로는 물론 정신적으로도 해로운 급성 질환을 야기한다. 그래서 "모자 쓴 사람처럼 미친"이라는 구절이 나왔으며, 루이스 캐럴이 1865년에 쓴 『이상한 나라의 앨리스』에 등장하는 모자를 쓴 사람의 성격에도 반영되어 있다. 그래서 오늘날에는 측정 장치, 밸브, 스위치, 치과의 아말감 등에서 여러 물질들이 수은을 대체하고 있다. 반면 에너지를 절약해주는 형광등과 같은 용도에서는 여전히 그 수요가 늘어나고 있다.

관련 원소
아연(Zn 30)
73쪽
코페르니슘(Cn 112)
95쪽

3초 인물 소개

에반젤리스타 토리첼리
1608~1647
1643년 수은 기압계를 발명한 이탈리아의 과학자.

다니엘 파렌하이트
1686~1736
폴란드에서 태어나 네덜란드에서 주로 살았던 독일계의 과학자로 수은 온도계를 발명했다.

알렉산더 칼더
1898~1976
1937년 〈수은 샘〉이라는 작품을 만든 미국의 예술가.

3초 배경
원소기호: Hg
원자번호: 80
어원: 점성술과 연금술에서 수은을 수성에 관련짓는 데에서 유래.

3분 반응
연금술사들은 황과 수은을 결합하면 금을 만들 수 있다는 희망을 품었기에 황화수은의 화학적 성질에 많은 관심을 보였다. 하지만 나중에 화학자들은 황과 수은을 가열하면 황화수은이 되지만 황화수은을 가열하면 다시 황과 수은으로 분해되기도 한다는 가역성을 발견했고, 이는 원소가 새로이 창출되거나 소멸하지 않는다는 원리의 실마리가 되었다. 영국의 자연철학자 조지프 프리스틀리도 1774년 이와 비슷한 반응으로서 산소와 산화수은 사이의 반응을 연구했다.

아름답지만 유독한 수은은 루이스 캐럴의 작품에 나오는 모자를 쓴 사람이 보이는 광기의 근원이다. 오늘날에는 형광등을 비롯한 여러 기구들에서 안전하게 쓰이고 있다.

112
Cn

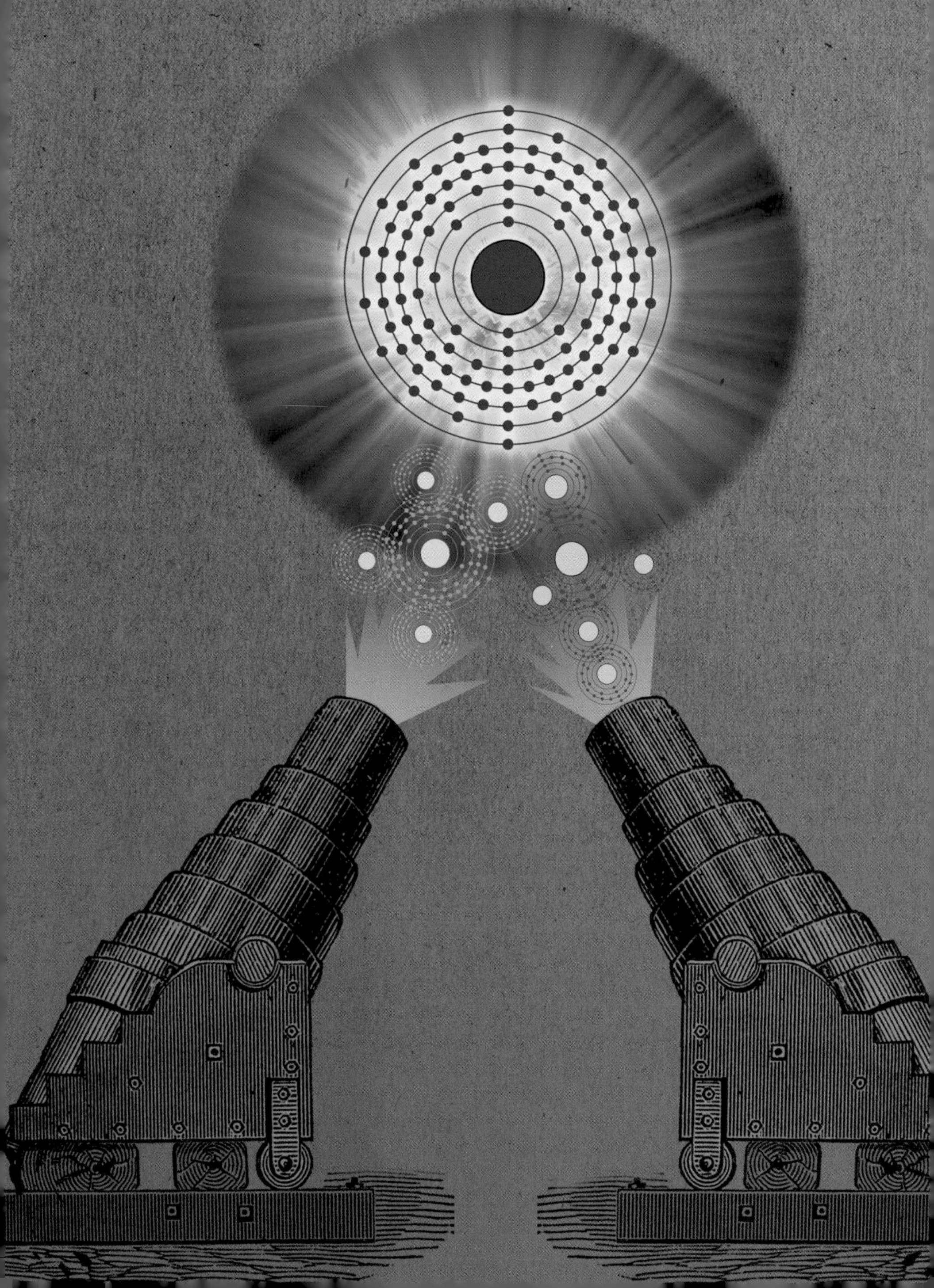

코페르니슘

COPERNICIUM

지금 현재 코페르니슘은 아마 존재하지 않을 것이다. 코페르니슘은 입자가속기로 이온을 중금속에 충돌시켜 인공적으로 만든 초중원소들의 무리에 속한다. 이는 다른 초중원소들과 마찬가지로 방사성 원소로서 매우 빠르게 붕괴하며, 수명이 가장 긴 코페르니슘-285의 반감기도 29초에 불과하다. 이 원소들은 원자를 일일이 하나씩 만들어야 하는데, 코페르니슘은 지금껏 모두 75개밖에 검출되지 않았다. 코페르니슘은 1996년 독일 다름슈타트에 있는 GSI 중이온연구센터에서 아연 이온을 납에 충돌시켜 처음 만들었는데, 이곳은 다른 몇몇 인공적 원소들의 고향이기도 하다. 코페르니슘을 발견했다는 독일 연구팀의 주장은 이들이 2009년에 폴란드의 천문학자 니콜라우스 코페르니쿠스를 기려 이름 짓자고 제안할 때까지 공인되지 않았는데, 이 이름은 2010년 2월 19일 코페르니쿠스의 537번째 생일에 받아들여졌다. 이 무렵에 코페르니슘은 러시아와 일본의 연구팀에 의해서도 합성되었다. 그러나 겨우 몇 개의 원자만 얻어졌고 반감기도 몇 초에 지나지 않기 때문에 그 화학적 성질의 연구는 아주 어려운 과제였다. 주기율표의 자리로 미루어 볼 때 코페르니슘은 수은과 성질이 비슷하여 금과 결합할 것으로 짐작되는데, 지금껏 대략 확신하는 것은 이 정도에 불과하다.

30초 저자
필립 볼

관련 원소
카드뮴(Cd 48)
11쪽
수은(Hg 80)
93쪽
뢴트게늄(Rg 111)
73쪽

3초 배경
원소기호: Cn
원자번호: 112
어원: 폴란드의 천문학자 니콜라우스 코페르니쿠스의 이름에서 유래.

3초 인물 소개
지구르트 호프만
1944~
1996년 코페르니슘을 발견한 독일 연구팀을 이끈 물리학자.

3분 반응
코페르니슘은 아연과 카드뮴과 수은 등이 속한 주기율표 12족에서 가장 무거운 원소이다. 코페르니슘의 원자핵은 양성자가 많아서 아주 크고, 전자를 당기는 힘도 그만큼 강하다. 그 결과 전자의 속도가 매우 빨라지므로 질량이 증가하는 특수상대론적 효과가 두드러진다. 그리하여 전자껍질의 구조가 변하고 결국 전자의 에너지 레벨도 바뀌게 된다. 이러한 파급 효과로 말미암아 코페르니슘은 비활성 기체의 성질을 띨 수도 있다.

초중원소의 하나인 코페르니슘은 이온 가속기 실험의 산물이다.
최초의 성공에서 얻어진 것은
코페르니슘-277 원자 단 하나뿐이었다.

◑ 준금속

준금속
용어해설

n형 물질 불순물(도펀트)을 넣어서 전도성 전자가 양공보다 많게 만든 물질. 반도체 분야에서 많이 쓰이며 규소에 비소나 인을 넣어 만든 게 대표적인 예이다.

p형 물질 불순물(도펀트)을 넣어서 전도성 전자가 양공보다 적게 만든 물질. 반도체 분야에서 많이 쓰이며 규소에 붕소나 알루미늄을 넣어 만든 게 대표적인 예이다.

도펀트 순수한 물질에 미량으로 첨가되는 물질. 대표적으로는 반도체의 전도도를 조절하는 데에 쓰이는 것을 들 수 있다.

도핑 일반적으로 불순물의 첨가를 뜻한다. 반도체와 관련해서는 순수한 반도체의 전도도를 조절하기 위해 매우 소량의 불순물을 넣는 것을 가리킨다. 예를 들어 규소 원자 100만 개당 붕소 원자 10개 정도를 첨가하면 규소의 전도도가 1,000배쯤 증가한다. 또한 자외선이나 전자로 자극하면 빛을 내는 인의 경우 그 색깔을 조절하기 위해 란타넘족의 유로퓸을 넣기도 한다.

반도체 전기 전도도가 전기를 잘 통하는 도체와 거의 통하지 않는 부도체의 중간 정도인 물질. 반도체는 여러 조건들을 조절하여 전도도를 높일 수 있는데, 온도를 높이거나 자기장을 가하거나 불순물을 첨가하는 것 등이 그 예이다. 반도체에는 규소나 주석이나 저마늄처럼 원소인 것들도 있고, 비(소)화갈륨처럼 화합물인 것들도 있다

버키볼 C_{60}로 나타내지는 구형의 탄소 분자로서 벅민스터풀러린(buckminsterfullerene)이라고도 부른다. 그 구조는 축구공처럼 12개의 정오각형과 20개의 정육각형으로 이루어져 있으며 꼭짓점마다 탄소가 자리 잡고 있다. 이는 구 또는 튜브 형태의 탄소 화합물들을 가리키는 풀러린의 하나로서, 풀러린들 가운데 최초로 1985년 리처드 스몰리, 로버트 컬, 제임스 히스, 해리 크로토에 의해 합성되었다. 이 분자의 이름은 그 모양을 닮은 지오데식 돔(geodesic dome)을 개발한 미국의 석학 벅민스터 풀러(R. Buckminster Fuller, 1895~1983)의 이름에서 따왔다.

붕사 $Na_2B_4O_7 \cdot 10H_2O$으로 나타내는 붕산나트륨. 붕산염의 하나로서 화장품과 세제 그리고 도자기의 유약을 만드는 데 쓰인다. 또한 고대 이집트 이래 금속 가공에서의 융제로 쓰였다.

수소화물 수소와 결합된 물질들을 가리킨다.

승화 액체 단계를 거치지 않고 고체가 곧바로 기체로 변하는 현상.

양공 원자를 둘러싼 전자구름의 빈 곳을 가리키는 용어. 양공은 여분의 전자가 있으면 그 자리로 끌어당긴다.

융제 금속을 가공할 때 불순물을 제거하여 깨끗하게 만드는 데 쓰이는 물질. 녹은 금속의 표면에 있는 산화물을 제거하는 물질이 대표적인 예이다. 융제는 또한 광물을 제련할 때 금속이 쉽게 흐르도록 하는 데에도 쓰인다.

전기도금 전기분해를 이용하여 어떤 물질의 표면에 얇은 금속 막을 입히는 방법으로 크로뮴이나 금의 도금이 대표적이다. 대상 물질도 전기를 통해야 하는데, 부도체일 경우에는 미리 흑연을 입히거나 전도성의 칠을 하여 전기를 통하도록 한다.

준금속 준금속은 금속과 비금속의 중간적 성질을 띠며 주기율표의 13족과 16족 사이에 자리 잡고 있다. 붕소와 저마늄과 규소와 같은 준금속들은 컴퓨터 칩을 만드는 반도체로 쓰인다.

	원소기호	원자번호
붕소	B	5
규소	Si	14
저마늄	Ge	32
비소	As	33
안티모니	Sb	51
텔루륨	Te	52
폴로늄	Po	84

준금속 금속과 비금속의 중간적인 성질을 가진 물질. 알루미늄과 저마늄이 대표적인 예이다.

5
B

붕소

BORON

30초 저자
필립 스튜어트

붕소는 세 번째로 가벼운 비금속으로, 같은 족에 속하지만 금속인 다른 원소들과는 그 성질이 아주 다르다. 1808년 영국 화학자 험프리 데이비가 런던에서 처음 발견했을 때의 붕소는 가볍지만 매우 단단하고 어두운 색깔의 알갱이 상태였다. 그런데 파리에서 함께 연구하던 프랑스의 화학자 조제프 루이 게이뤼삭과 루이자크 테나르도 같은 해에 데이비와 독립적으로 이를 발견했다. 붕소는 희소하지만 지각 전체에 널리 분포되어 있으며 소수의 광물에는 붕산염이 풍부하다. 붕산염은 붕소와 산소가 결합한 것에 칼슘이나 소듐이 첨가된 것을 가리키는데, 소듐이 첨가된 붕사는 고대로부터 녹은 금속의 융제로 쓰여왔다. 붕소는 식물의 생장에 필수적이고 동물에게도 미량 영양소로 중요하며, 과량일 경우에는 유독하다. 붕소가 탄소와 결합하면 매우 단단한 세라믹이 되므로 탱크의 장갑과 방탄복 등 산업적으로 널리 쓰이고 원자로를 차폐하는 데에도 이용된다. 붕소와 질소의 화합물들 가운데 하나는 다이아몬드의 구조를 가졌고 경도도 거의 맞먹는다. 하지만 열에는 더 강하므로 연마제로서 가치가 높다. 또한 흑연의 구조를 가진 것도 있다. 붕산은 살균력이 있으며 바퀴벌레를 죽일 수 있는 몇 안 되는 물질들 가운데 하나다.

관련 원소

탄소(C 6)
141쪽

질소(N 7)
143쪽

알루미늄(Al 13)
121쪽

규소(Si 14)
103쪽

3초 인물 소개

험프리 데이비
1778~1829
1808년에 붕소를 분리해낸 영국의 화학자.

루이자크 테나르,
1777~1857
조제프 루이 게이뤼삭
1778~1850
역시 1808년에 붕소를 함께 분리해낸 프랑스의 화학자들.

3초 배경

원소기호: B
원자번호: 5
어원: 아랍어의 부라크(buraq)에서 파생된 라틴어 보락스(borax)가 붕사를 가리킨 데에서 유래.

3분 반응

탄소처럼 붕소도 붕소들끼리는 물론 금속이나 비금속들과도 잘 결합하므로 붕소의 화학은 사뭇 복잡하다. 붕소 원자들은 12개의 꼭짓점을 차지하면서 정이십면체를 이룰 수 있다. 이는 탄소 원자가 이루는 버키볼을 연상시킨다. 나아가 이 정이십면체는 탄소를 비롯한 다른 원소들과 결합하여 계속 연결될 수 있다. 수소와 반응할 경우 기다란 사슬 또는 둥근 고리 구조의 수많은 보레인(borane)을 만든다.

바퀴벌레 약에 함유된 붕소는 탱크의 장갑에도 쓰인다. 루이자크 테나르(위)와 조제프 루이 게이뤼삭(아래)은 붕소를 공동으로 발견했다.

14
Si

규소

SILICON

사실 모든 밸리가 실리콘 밸리이다. 규소와 산소로 이루어진 규산염 광물은 지각의 대부분을 차지하기 때문이다. 그래서 규소는 지각에서 산소 다음으로 풍부한 원소이다. 하지만 이처럼 풍부함에도 불구하고 순수한 규소는 산소와 떼어내기가 아주 어려워서 1824년에야 비로소 얻어졌다. 광물 화학의 많은 부분은 규소가 중심에 있고 산소가 네 꼭짓점을 차지한 정사면체 구조의 규산 이온을 둘러싸고 펼쳐진다. 이 구조는 연속적으로 이어져 결정을 이룰 수 있고, 그 안에 소듐이나 칼슘과 같은 금속 원소들을 포함할 수 있다. 우리에게 너무나 익숙한 유리는 이 규소-산소의 그물 구조가 녹은 상태 그대로 굳어져서 만들어진 것이다. 오늘날 미세전자공학에서는 매우 높은 순도의 규소가 필요하다. 이를 위하여 먼저 낮은 순도의 규소나 규소 화합물을 만든 뒤, 이를 녹이고 정밀하게 제어하는 과정을 통해 반도체 칩의 생산에 적합한 규소 판으로 가공할 극히 높은 순도의 거의 완전한 결정을 얻어낸다. 규소는 전기를 전도할 자유전자가 얼마 되지 않는 반도체이다. 그런데 전기 전도도를 좌우하는 이 자유전자의 수는 규소에 미량의 불순물(도펀트)을 투입하여 정밀하게 조절할 수 있다. 이 불순물로는 붕소나 인이 쓰이는데, 바로 이 기술 덕분에 규소는 트랜지스터와 같은 미세 전자 부품의 총아로 떠오르게 되었다.

규소의 현대적 활용은 컴퓨터를 비롯한 첨단 산업과 관련되어 있지만, 인류가 돌과 바위의 핵심 성분인 규소를 처음으로 이용한 때는 석기시대까지 거슬러 올라간다.

관련 원소

셀레늄(Se 34)
136쪽

산소(O 16)
145쪽

3초 인물 소개

욘스 야콥 베르셀리우스
1779~1848
1824년 규소를 상당히 순수한 정도로 처음 분리해 낸 스웨덴의 화학자.

빅토르 모리츠 골트슈미트
1888~1947
수많은 규산염 광물들의 결정 구조를 밝혀낸 스위스의 광물학자.

30초 저자

필립 볼

3초 배경

원소기호: Si
원자번호: 14
어원: 단단한 바위를 뜻하는 라틴어 실렉스(silex)에서 유래.

3분 반응

영어에서 '실리컨'으로 발음되는 규소(silicon)는 '실리코운'으로 발음되는 규소 고분자(silicone)와 자주 혼동된다. 규소 고분자는 규소와 산소가 교대로 이어지는 사슬 모양의 뼈대를 가진 커다란 분자이며, 이 안에서 각각의 규소 원자는 탄화수소로 된 곁가지를 가진다. 20세기 초에 개발된 규소 고분자는 탄화수소로 된 고분자와 비슷하게 액체로부터 튼튼한 플라스틱에 이르는 다양한 형태로 가공되어 윤활유, 밀폐제, 접착제, 전기 절연체, 취사도구 등에 널리 쓰이며, 가슴 성형물로도 쓰이면서 많은 논란을 불러일으키기도 했다. 이렇게 규소가 탄화수소처럼 고분자를 만들 수 있음이 밝혀짐에 따라 규소를 이용하는 외계 생명체가 존재할 수도 있다는 가설도 제기되었다.

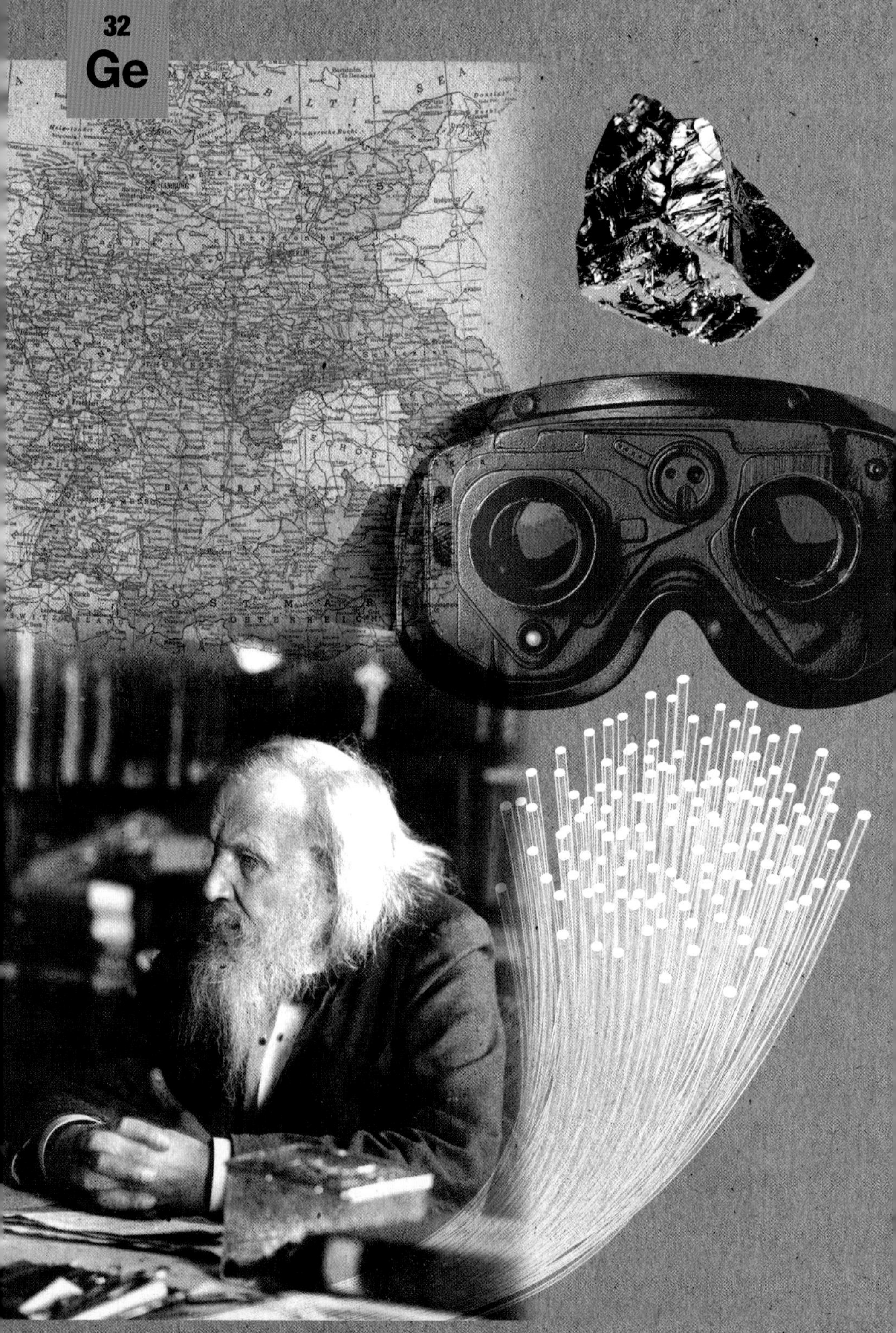
32
Ge

저마늄

GERMANIUM

러시아의 화학자 드미트리 멘델레예프는 주기율표를 만들 때 빈 곳이 있음을 깨닫고 그곳을 채울 새 원소들의 존재를 예언했는데, 그중 그가 '에카규소'라고 부른 것이 바로 저마늄이다. 멘델레예프는 준금속의 반도체인 이 원소의 원자량과 밀도는 물론 그 색깔이 회색이란 점까지 예측했다. 1886년 이 원소를 실제로 발견한 독일의 화학자 클레멘스 빙클러는 '넵투늄'이라고 부르려 했다. 하지만 이 이름이 다른 원소에 이미 붙여졌음을 알게 된 그는 새로이 기틀을 잡은 조국 독일을 나타내는 라틴어 단어를 찾아 저마늄으로 부르게 되었다. 그런데 아이러니하게도 넵투늄의 발견은 오류로 드러나 넵투늄이라는 이름은 다시 자유롭게 되었으며 나중에 현재의 넵투늄에 붙여졌다. 저마늄은 20세기에 들어 고체 전기 소자가 개발될 때 초기의 원료로서 그 존재를 부각하게 되었다. 그리하여 저마늄으로 만든 트랜지스터와 다이오드는 비싸면서도 취약한 진공관을 대체했고 1970년대까지 널리 쓰였다. 하지만 규소가 대량으로 공급되면서 그 자리를 넘겨주었는데, 이는 규소의 원료가 모래로서 아주 저렴할 뿐 아니라 반도체로서의 특성도 더 뛰어났기 때문이었다. 이전에 저마늄이 먼저 각광받았던 이유는 충분히 높은 순도의 규소를 대량으로 얻기가 어려웠다는 데 있었다. 그러나 전자 산업에서 저마늄이 완전히 사라졌다는 뜻은 아니다. 광섬유 케이블이나 야간 투시경과 같은 것들은 지금도 이 믿음직한 반도체로 만들고 있다.

레늄은 라인강에서 그 이름을 따왔지만 드미트리 멘델레예프가 '에카규소'라고 불렀던 저마늄은 독일의 라틴어 어원에서 따왔다.

30초 저자
브라이언 클렉

관련 원소
규소(Si 14)
103쪽
비소(As 33)
107쪽

3초 인물 소개

드미트리 멘델레예프
1834~1907
자신이 제시한 주기율표를 토대로 저마늄의 존재를 예언한 러시아의 화학자.

클레멘스 빙클러
1838~1904
1886년에 저마늄을 발견한 독일의 화학자.

3초 배경
원소기호: Ge
원자번호: 32
어원: 독일 지역을 가리키는 라틴어인 게르마니아(Germania)에서 유래.

3분 반응
저마늄이 대량으로 쓰이게 된 것은 다이오드로서의 용도였다. 다이오드는 전기의 일방통행로와 같아서 전류를 한쪽 방향으로만 흘려주는 특성이 있는데, 저마늄과 같은 반도체는 고체 소자로서 이 기능을 수행한다. 저마늄에 불순물을 첨가해주면 전자를 제공하는 n형 물질 또는 전자를 수용하는 p형 물질로 만들 수 있다. 저마늄으로 만든 이 두 가지의 물질을 띠처럼 가공하여 붙이면 전자는 한쪽 방향으로만 이동하게 된다.

33
As
CEYLON

비소

ARSENIC

비소는 오래도록 독약으로 쓰여 온 흰색 가루 모습의 비상으로 가장 잘 알려져 있다. 비상은 비소가 많이 함유된 광물을 다루는 구리 제련소의 굴뚝에서 긁어내어 얻었는데, 그 독성에도 불구하고 1780년대 이후에는 약품으로도 인기가 높았다. 파울러 박사 용액(Dr. Fowler's Solution)이란 이름으로 알려진 이 약은 만병통치약처럼 쓰였지만 효과는 거의 없었다. 1909년에 발견된 비소 약품 살바르산은 매독과 같은 혈액 감염 질환을 치료했는데, 삼산화비소인 비상도 이제는 백혈병의 치료제로 새로이 떠올랐다. 19세기에는 벽지에 녹색 염료로 쓰였던 비(소)화구리가 은밀한 비소 중독의 원인으로서 공포의 대상이 되었다. 이 물질에 습기가 차면 트리메틸비소의 증기가 새어나와 비소 중독을 일으키는데, 유폐되었던 프랑스의 황제 나폴레옹 1세가 숨지게 된 원인으로 여겨졌다. 하지만 2005년에 이 기체는 독성이 그다지 크지 않은 것으로 밝혀졌다. 비소는 제초제와 목재 방부제의 원료로도 쓰였지만 차츰 감소하고 있으며, 오늘날에는 비(소)화갈륨(GaAs) 반도체의 용도가 더 넓은 것 같다. 비소는 또한 새우와 같은 식품에서도 발견되지만 건강에는 아무 위협이 되지 않는 화합물로 함유되어 있다.

관련 원소

인(P 15)
147쪽

갈륨(Ga 31)
123쪽

안티모니(Sb 51)
109쪽

3초 인물 소개

알베르투스 마그누스
1193~1280
비소를 처음 분리해낸 독일의 수도사.

카를 빌헬름 셸레
1742~1786
1775년 '셸레의 녹색'이라고 불리는 아비산구리 염료를 발견한 오늘날 독일 지역 출생의 스웨덴 화학자.

파울 에를리히
1854~1915
매독 치료제인 살바르산을 발견한 독일의 의사.

30초 저자
존 엠슬리

3초 배경
원소기호: As
원자번호: 33
어원: 노란 웅황 광물을 뜻하는 그리스어 아르세니콘(arsenikon)에서 유래.

3분 반응
주기율표의 15족에 속하는 준금속 원소인 비소는 치명적인 기체 수소화비소(AsH_3)처럼 세 원자와 결합할 수도 있고 오염화비소($AsCl_5$)처럼 다섯 원자와 결합할 수도 있다. 그 산화물에는 As_2O_3와 As_2O_5의 두 가지가 있으며, 그 염으로는 AsO_3^{3-} 음이온과 AsO_4^{3-} 음이온을 함유한 두 가지가 있다. 비소를 세게 가열하면 액체 단계를 거치지 않고 616℃(1141℉)에서 곧바로 기체로 승화한다.

유독한 산화물로 유명한 비소는 200년이 넘도록 약품으로도 쓰여왔는데, 오늘날에는 백혈병의 치료제로 쓰이고 있다.

51
Sb

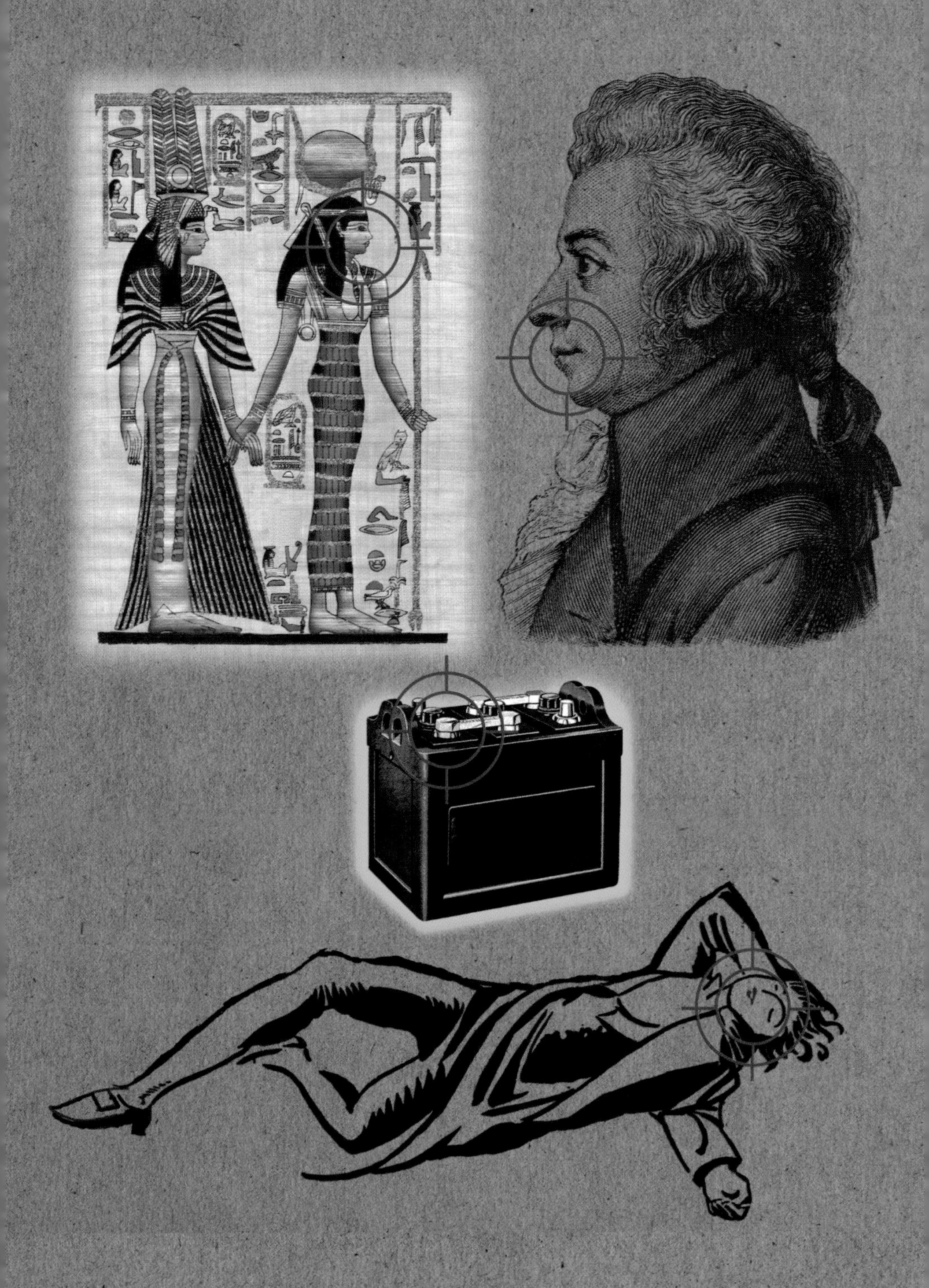

안티모니

ANTIMONY

30초 저자
필립 볼

고대 이집트와 아시리아 사람들은 황화안티모니를 함유한 검은 휘안석(stibnite) 광물 가루를 눈 화장에 썼으며 안티모니의 원소기호 Sb는 여기서 유래했다. 아시리아에서 휘안석은 굴루(guhlu)라고 불렸는데 나중에 아랍어의 콜(kohl)로 변했고 이는 아직도 아이라이너를 뜻하는 말로 쓰이고 있다. 그리하여 알콜(al-kohl)은 모든 미세한 가루를 가리키게 되었는데, 이후 다시 증류한 액체를 뜻하게 되었고, 결국 영어로 들어와 알코올(alcohol)로 정착되었다. 휘안석은 눈병을 치료할 수도 있었기에 강력한 약품으로도 여겨졌고, 중세의 연금술사들은 의약으로서의 효능을 높이 평가했는데, 정체가 명확하지 않은 화학자 베이실 발렌타인도 1604년에 펴낸 『안티모니의 개선 행진』에서 이를 찬양했다. 17세기에는 프랑스 화학자들 사이에서 안티모니가 약인지 독인지를 둘러싸고 '안티모니 전쟁'이 펼쳐졌다. 사실 안티모니는 독성이 사뭇 강하며 베이실 발렌타인은 수도사들에게 이를 처방했더니 몇 사람이 죽었다고 주장했다. 이 때문에 안티모니라는 이름이 반-수도사(anti-monk)라는 뜻의 'anti-monachos'에서 유래했다는 미심쩍은 설명이 나오기도 했다. 빅토리아 시대에는 안티모니가 서서히 작용하는 독약으로 암살자들에게 인기를 끌었다. 순수한 안티모니는 16세기에 얻어졌는데, 은빛을 띠므로 금속처럼 보이지만 실제로는 금속과 비금속의 중간적 성질을 가진 준금속이다. 전기를 잘 통하지만 연하며, 오늘날에는 대부분 납 및 주석과 함께 섞어 만든 땜납이나 납축전지의 전극으로 쓰인다.

관련 원소
비소(As 33)
107쪽
비스무트(Bi 83)
118쪽

3초 인물 소개

요하네스 드 루페시사
1310?~1362?
연금술의 의약에서 안티모니가 핵심적이라고 여긴 프랑스의 연금술사.

요한 될데
1565~1614
필명으로 베이실 발렌타인을 내세워 1604년 『안티모니의 개선 행진』을 펴냈을 것으로 여겨지는 독일의 출판업자.

오스트리아의 작곡가 볼프강 아마데우스 모차르트가 35세라는 이른 나이에 죽은 까닭은 치료의 목적으로 안티모니를 너무 많이 복용하여 중독되었기 때문이라는 설이 있다.

3초 배경
원소기호: Sb
원자번호: 51
어원: 아랍어나 그리스어에서 유래한 것 같지만 논란의 여지가 있다.

3분 반응
안티모니는 그 독성 때문에 먹었을 때 구토가 나올 수 있다. 그래서 중세에는 질병을 몸에서 몰아내는 정화제로 쓰이기도 했다. 비슷한 방식으로 안티모니는 중세에 조악한 음식물로 인해 초래된 변비를 치료하는 약으로도 쓰였다. 이 경우 순수한 안티모니로 만든 알약을 삼키면 몸에 흡수되지 않고 배설되며, 이를 세척하여 다시 복용하고는 했다.

52
Te

텔루륨

TELLURIUM

30초 저자
제프리 오언 모런

텔루륨은 현재의 루마니아 지역에 있는 트란실바니아에서 캐낸 금을 함유한 광물에서 1782년에 발견되었는데, 이후 16년 동안 '문제의 금속'으로 불려졌다. 광물의 성질에 따르면 이 물질은 금속과 비금속의 성질을 함께 가진 것으로 보여서 '역설적인 금'으로 불리기도 했다. 텔루륨이 새로운 원소로 밝혀진 것은 1798년의 일이었다. 1834년 스웨덴의 화학자 왼스 야콥 베르셀리우스는 금속이라고 단정했지만 화합물들의 성질이 서로 비슷하므로 비금속인 황과 셀레늄의 족에 소속시켰는데, 오늘날에는 준금속으로 분류한다. 텔루륨의 밀도는 철보다 15퍼센트쯤 낮으며 황보다 조금 더 단단하다. 텔루륨은 부서져서 가루가 되기 쉬우므로 구조재로 쓰기에는 적합하지 않다. 따라서 스테인리스강과 구리를 비롯한 여러 금속들에 첨가하여 가공성을 높이는 데에 쓰인다. 텔루륨은 간혹 순수한 결정으로 발견되기도 하지만 다른 원소들과 쉽게 결합하여 여러 가지 화합물들을 만든다. 반도체인 텔루륨화비스무트와 텔루륨화납은 열전소자로 활용되어 전기를 만들거나 냉각하는 데 쓰인다. 텔루륨화카드뮴의 박막은 태양전지로 쓰이는데, 가격이 가장 낮은 편이다.

관련 원소
구리(Cu 29)
79쪽
비소(As 33)
107쪽
비스무트(Bi 83)
118쪽

3초 인물 소개

프란츠 요제프 뮐러 폰 라이헨슈타인
1740~1826
1782년 금광에서 텔루륨을 발견한 오스트리아의 광산 기술자.

마르틴 하인리히 클라프로트
1743~1817
1798년 텔루륨이라는 이름을 지은 독일의 화학자.

3초 배경
원소기호: Te
원자번호: 52
어원: 땅을 뜻하는 라틴어 텔루스(tellus)에서 유래.

3분 반응
텔루륨은 지각에 극히 미량밖에 존재하지 않는다. 그 까닭은 부분적으로 지구가 뜨거운 성운에서 만들어졌을 때 텔루륨이 휘발성의 수소화물을 생성하여 우주 공간으로 날아가 버렸다는 데에서 찾을 수 있다. 텔루륨은 독성이 강하며 몸속에 들어오면 대사 과정을 통해 다이메틸텔루라이드라는 기체로 변하는데, 날숨으로 내보내질 때 특유의 불쾌한 냄새를 풍긴다. 마늘 냄새와 비슷한 이 냄새는 '텔루륨 구취'라고 부르며 이를 통해 텔루륨에 노출되었는지의 여부를 알 수 있다.

마늘 냄새의 구취에는 사회적인 당혹감을 넘어서는 심각성이 내포되어 있을 수 있다. 이는 간과 신경에 피해를 주는 텔루륨 중독이 그 원인일 수 있기 때문이다.

1867년 11월 7일
바르샤바에서 출생

1891년
파리의 소르본대학교에 입학하여 수학과 물리학을 공부하다

1895년
피에르 퀴리와 결혼하다

1897년
딸 이렌(Irene)이 태어나다

1898년
부부가 함께 폴로늄과 라듐을 발견하다

1903년
여성 최초로 소르본대학교에서 박사학위를 받다

1903년
남편 피에르 퀴리 및 앙리 베크렐과 함께 노벨 물리학상을 공동으로 수상하다

1904년
딸 이브(Eve)가 태어나다

1906년
남편이 마차에 치여 사망

1906년
소르본대학교에서 최초의 여자 교수로 취임하다

1911년
노벨 화학상을 수상하다

1914년
파리에 새로 설립된 라듐연구소의 소장으로 취임하다

1934년
백혈병으로 프랑스에서 사망

1995년
퀴리 부부의 유해를 파리의 판테온에 안장하다

마리 퀴리

전 세계에 걸쳐 수백만의 사람들이 마리 퀴리의 업적 덕분에 목숨을 건졌다. 그녀는 가난과 성추문과 질병을 딛고 물리학에 대한 열정을 불살랐다. 이 과정에서 남편 피에르 퀴리와 함께 라듐을 발견하여 그 방사선으로 암을 치료할 길을 열었다. 그녀는 노벨상을 받은 최초의 여성 과학자였고 방사능 치료의 가능성을 연구하는 데에 자신의 목숨을 바쳤다.

1867년 바르샤바에서 마리아 스크워도프스카(Maria Sklodowska)라는 이름으로 태어난 그녀는 일찍부터 물리학에 재능을 드러냈다. 하지만 당시 바르샤바에서는 여자가 대학교에 들어갈 수 없었기에 파리로 가서 가정교사를 하면서 소르본대학교를 다녔다. 1894년에 물리학 교수였던 피에르 퀴리를 만나 1895년에 결혼한 이후 이들 부부는 공동 연구를 통해 눈부신 과학적 업적을 쌓았다.

당시 과학계는 1896년 앙리 베크렐에 의해 우라늄이 방사능을 방출한다는 사실이 밝혀짐에 따라 엄청난 흥분에 휩싸였다. 퀴리 부부도 이에 끌려 역청우란광을 연구하기 시작했다. 그들은 이 광물에서 우라늄이 단독으로 방출하는 것보다 많은 방사능이 나온다는 점에 주목하여 다른 방사능 원소가 있을 것이라고 추론했다. 이후 수년 동안 나쁜 건강과 피로에 시달리면서 힘겨운 연구를 한 끝에 강한 방사성 원소인 폴로늄과 라듐을 발견하는 기념비적 업적을 이루었다. 오늘날에는 아무도 라듐을 감히 함부로 다루려 하지 않는다. 하지만 퀴리 부부는 과감한 결단을 내려 실험을 계속하여 라듐이 사람의 피부에 화상을 입힐 수 있다는 사실을 발견했으며, 이는 암의 치료에 라듐을 이용한다는 방사능 치료법의 실마리가 되었다.

이후 영예로운 상들이 잇달아 주어졌고, 1903년 마침내 여성으로서는 최초로 남편 및 앙리 베크렐과 함께 노벨상을 받게 되었다. 1906년 피에르는 마차에 깔려 비극적으로 세상을 떴다. 하지만 소르본대학교에서 연구를 계속한 마리는 1911년 또다시 노벨상을 받았다. 이때는 라듐에 대한 연구로 노벨 화학상을 받았는데, 이는 두 번의 노벨상을 받은 최초의 사례이자 각각 서로 다른 분야의 노벨상을 받은 최초의 사례이기도 하다.

제1차 세계대전 동안에 마리는 부상을 진단하기 위한 이동식 엑스선 장비를 개발하여 사용했고 이를 실은 앰뷸런스를 손수 몰기도 했다. 전쟁이 끝난 뒤 그녀의 건강은 악화되었고 1934년 백혈병으로 세상을 떴는데, 이는 방사능 물질에 계속 노출되었던 결과로 보인다. 마리 퀴리의 이름은 이후 언제나 암에 맞서 싸운 가장 위대한 여성 과학자와 동의어로 여겨지면서 남자들이 지배했던 물리학과 화학의 세계를 탐구하는 수많은 여성들의 의욕을 북돋아주었다.

84
Po

폴로늄

POLONIUM

30초 저자
안드레아 셀라

주기율표의 아랫부분에서 호기심을 자아내는 폴로늄은 은빛의 금속이지만 그 흔적이라도 본 사람은 거의 없다. 이 신비로운 원소는 물리적 성질보다 화학적 성질이 더 적게 알려져 있다. 1898년 폴란드 태생의 물리학자 마리 퀴리와 그녀의 남편으로 프랑스의 물리학자인 피에르 퀴리는 우라늄을 함유한 역청우란광을 오래도록 처리한 끝에 폴로늄을 발견했다. 폴로늄은 이 광물의 부산물들 가운데 하나지만 방사능은 우라늄보다 강하며, 이 때문에 용도도 별로 없다. 하지만 폴로늄을 섬유, 전자 부품, 인쇄, 탄약 분야에서 미량으로 사용하면 불꽃 방전으로 인한 화재나 폭발의 위험을 줄일 수 있다. 불에 불로 맞서는 경탄스런 이 사례에서 폴로늄의 강한 방사능 때문에 생긴 공기 중의 이온들은 미세한 불꽃이라고 할 작은 방전을 유발하여 국소적으로 축적된 정전기를 미리 제거함으로써 큰 폭발을 일으키지 않도록 해준다. 폴로늄은 2006년 러시아의 망명자 알렉산드르 리트비넨코가 런던에서 의문투성이의 죽음을 맞은 사건과 관련하여 악명을 떨쳤다. 런던 병원의 의사들은 며칠 동안 검사한 끝에 그가 방사능 중독으로 고통을 받았다는 사실을 밝혀냈는데, 많은 사람들은 러시아의 요원이 폴로늄을 그가 마시던 음료에 투입해서 초래된 결과라고 믿고 있다. 리트비넨코는 입원한 지 3주 만에 세상을 떴다.

관련 원소
텔루륨(Te 52)
111쪽
라듐(Ra 88)
31쪽
우라늄(U 92)
45쪽

3초 인물 소개
앙리 베크렐
1852~1908
역청우란광의 방사능을 발견한 프랑스의 물리학자.

마리 퀴리
1867~1934
역청우란광을 처리하여 폴로늄을 발견하고 순수하게 분리해낸 폴란드 출생의 여성 물리학자.

3초 배경
원소기호: Po
원자번호: 84
어원: 발견자인 마리 퀴리의 고국 폴란드의 이름에서 유래.

3분 반응
자연에서 산출되는 폴로늄의 방사능은 매우 강하므로 순수한 덩어리로 만들 경우 손댈 수 없을 정도로 뜨거울 것이다. 따라서 보통의 실험실에서는 연구하는 것만도 너무 위험하여 알려진 성질이 거의 없다. 이 금속을 약산에 녹이면 염을 만들며, 도금할 수 있고, 진공에서 증류할 수도 있다. 산화물과 염화물과 브로민화물 등의 몇 가지 화합물이 만들어졌는데, 이로부터 미루어볼 때 텔루륨 및 비스무트와 비슷하다고 여겨진다.

폴로늄은 방사화학적 분석을 통해 발견된 최초의 원소이다. 수명이 가장 긴 원소의 반감기는 103년이고 가장 흔한 동위원소의 반감기는 138일이다.

기타 금속

기타 금속
용어해설

기타 금속

	원소기호	원자번호
알루미늄	Al	13
갈륨	Ga	31
인듐	In	49
주석	Sn	50
탈륨	Tl	81
납	Pb	82
비스무트	Bi	83

땜질물 금속들의 표면을 접합하는 데 쓰이는 물질. 땜질물은 접합할 금속들의 녹는점보다 낮은 온도에서 녹아야 한다.

반사율 어떤 표면이 빛을 반사하는 정도를 가리키는 지표. 해당 표면에 비쳐지는 빛의 총량에 대해 반사된 빛의 비율로 나타낸다.

보크사이트 알루미늄의 주된 광물로서 수산화알루미늄의 집합체이다. 보크사이트라는 이름은 1821년 프랑스의 지질학자 피에르 베르티에가 프랑스의 남부에 있는 레보 드 프로방스 마을에서 이 암석을 처음 발견한 데에서 유래했다.

불꽃 분광학(법) 시료에 있는 원소의 양을 측정하는 한 방법으로, 시료를 불꽃으로 가열한 뒤 구성 원소들로부터 나오는 빛의 파장을 분석하여 검출한다.

비철금속 철을 함유하지 않은 금속으로 알루미늄이 대표적인 예이다.

살균제 균류의 포자를 죽이거나 억제할 수 있는 생물체나 화학 물질을 가리킨다. 유기주석 화합물인 산화트리부틸틴($C_{24}H_{54}OSn_2$)은 효과적인 살균제의 하나이다.

살생제 생물체를 죽일 수 있는 화학 물질이나 미생물을 가리킨다. 제초제, 살균제, 쥐약, 살충제 등이 그 예들이다. 황산탈륨은 1960년대까지 미국에서 쥐약으로 널리 사용되었다.

알루미나 알루미늄의 원료인 산화알루미늄으로 화학식은 Al_2O_3이며, 양쪽성 산화물의 하나이다.

양쪽성 원소나 화합물이 산과 염기에 모두 반응하는 성질. 이 용어는 양쪽을 뜻하는 그리스어 암포테로이(amphoteroi)에서 유래했다. 알루미늄과 납과 주석을 비롯한 많은 준금속과 금속들이 양쪽성 산화물을 만든다.

유기납 화합물 납이 탄소와 결합된 화합물.

유기주석 화합물 주석을 함유한 유기화합물. 수십 년에 걸쳐 방화제, 살충제, 화학적 안정제 등으로 쓰여왔지만 맹독성이란 점이 밝혀져서 그 이용이 규제되고 있다.

적외선 가시광선의 빨강색보다 파장이 더 긴 전자기파의 한 부분. 사람의 맨눈으로는 적외선을 볼 수 없다. 산화이트륨인듐과 산화이트륨망가니즈를 연구하는 과학자들은 진한 청색의 화합물을 개발했는데, 이는 적외선을 흡수하지 않으므로 강한 햇빛에서도 뜨거워지지 않는다.

전이후원소 주기율표에서 전이원소의 오른쪽에 있는 원소들로서 이 장에서 설명하는 것들을 가리킨다.

초산납 분자식은 $Pb(CH_3COO)_2$이며 물에 녹으면 단맛을 내므로 로마 시대로부터 포도주의 단맛을 내는 데에 쓰였다. 납의 독성이 나중에야 알려졌기 때문에 감미료로 오래도록 사용되었는데, 독일의 작곡가 베토벤도 초산납으로 단맛을 낸 포도주나 약품을 섭취한 결과 납중독으로 인해 사망한 것으로 보인다.

테트라에틸납 분자식이 $(CH_3CH_2)4Pb$인 유기납 화합물로서 1920년대부터 휘발유의 성능과 경제성을 높이기 위해 첨가되었다. 하지만 인체에 미치는 납의 독성에 대한 우려 때문에 1970년대부터 그 사용이 중지되었다.

황철광 화학식이 FeS_2인 이황화철을 함유한 광물. 연노랑의 금속성 광택을 내므로 금과 비슷하게 보여서 바보의 금(fool's gold)이라고도 부른다. 공업적으로 이산화황과 황산을 만드는 데에 쓰이며, 황산을 만드는 과정의 부산물로 탈륨이 얻어진다.

13
Al

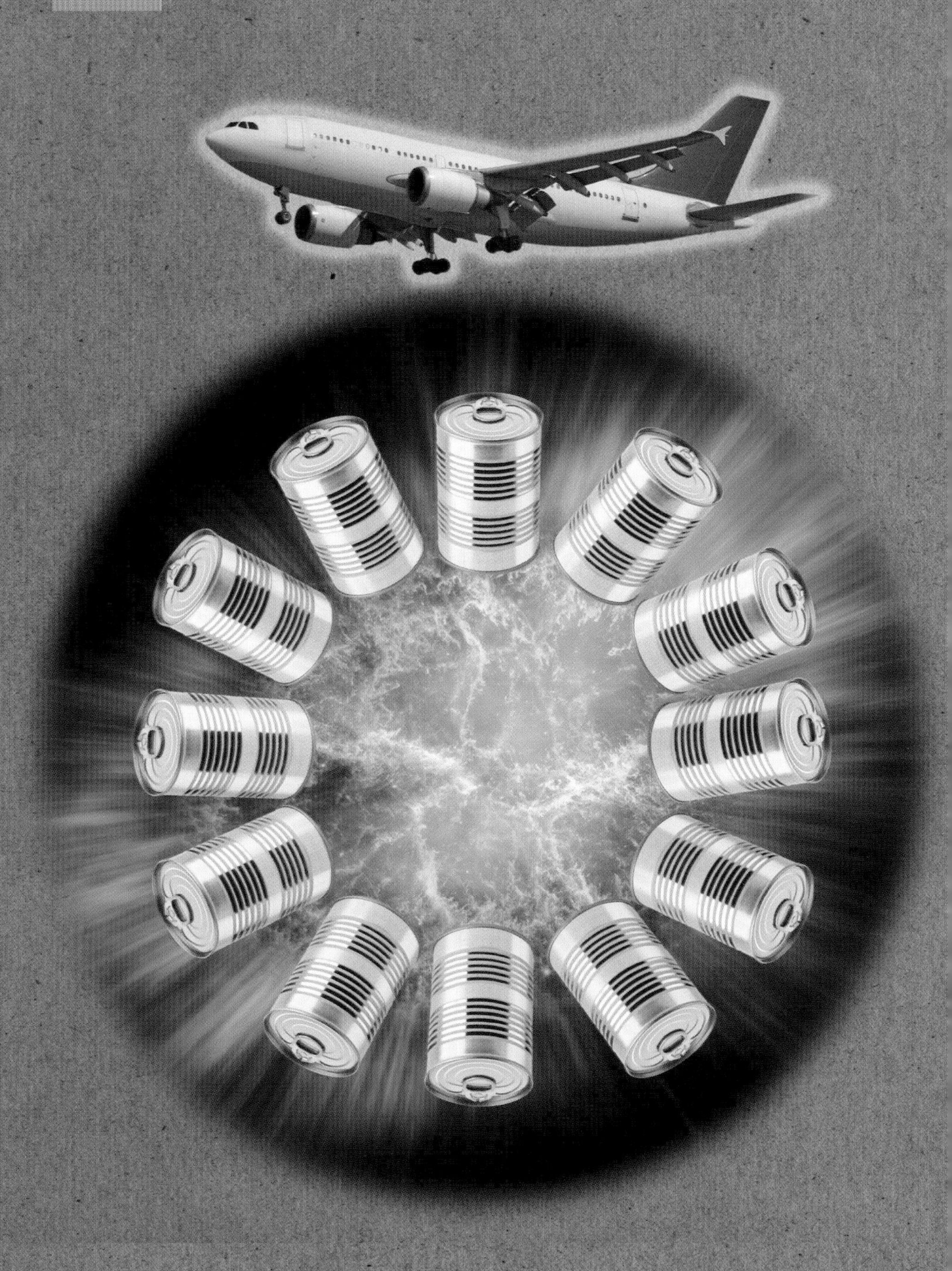

알루미늄

ALUMINUM

가볍고 싸고 흔한 알루미늄은 철이 발견된 이래 광범위하게 쓰이게 된 첫 번째 금속이다. 1820년대에 처음으로 분리된 알루미늄은 1855년 파리에서 열린 만국박람회에서 가장 새로운 금속으로 소개되었으며, 초기의 가격은 금보다 높았다. 알루미늄은 이후로도 31년 동안 이색적인 신물질로 여겨졌지만 전력이 값싸게 공급됨에 따라 1886년 미국의 발명가 찰스 마틴 홀과 프랑스의 과학자 폴 루이 투생 에루가 거의 같은 시기에 독립적으로 알루미나(산화알루미늄)로부터 상업적으로 생산하는 현대적 방법을 개발했다. 알루미늄은 단단하고 가볍고 부식에도 강한 합금을 만들 수 있다 이에 따라 비행기, 건축물, 전도성과 내구성이 요구되는 물건 그리고 화학 물질이나 음식물을 가공하는 기구들에 널리 쓰이게 되었다. 미세한 가루로 만들어도 은빛으로 반사하는 성질을 온전히 유지하는 몇 안 되는 금속의 하나이므로 은빛 페인트의 성분으로도 중요하다. 알루미늄을 생산하는 데에는 같은 무게의 철을 생산할 때보다 세 배가량의 전력이 필요하므로 알루미늄을 경제적으로 생산하려면 값싼 전력이 필수적이다. 한편 알루미늄을 재활용할 경우 주된 광물인 보크사이트에서 얻을 때보다 에너지가 5퍼센트밖에 들지 않으므로 매우 유리하다.

관련 원소

수소(H 1)
139쪽

철(Fe 26)
77쪽

구리(Cu 29)
79쪽

3초 인물 소개

한스 크리스티안 외르스테드
1777~1851
알루미늄을 그 산화물로부터 최초로 분리해낸 덴마크의 화학자.

프리드리히 뵐러
1800~1882
순수한 알루미늄을 처음으로 분리해낸 독일의 화학자.

30초 저자
휴 앨더시 윌리엄스

3초 배경
원소기호: Al
원자번호: 13
어원: 고대로부터 염색하는 사람들이 색깔을 고정하기 위하여 사용했던 알럼(alum, 백반, 황산알루미늄포타슘)에서 유래.

3분 반응
안정한 동위원소 알루미늄-27은 큰 별이나 초신성에서 수소와 마그네슘이 융합할 때 만들어진다. 지각에서 가장 풍부한 금속인 알루미늄은 무게로는 지각의 약 8퍼센트를 차지한다. 밀도는 철과 구리의 약 1/3 정도이며 선으로 뽑거나 박막으로 가공할 수 있다. 부식에 강하고 자성이 없으며 구리보다는 못하지만 전도성이 탁월한 편이다.

알루미늄은 철을 제외하고는 가장 많이 쓰이는 금속으로, 항공과 건축을 비롯한 여러 산업에서 이용된다. 식품과의 반응성이 낮으므로 캔 용기로도 아주 유용하다.

31
Ga

갈륨

GALLIUM

갈륨은 아연과 구리 제련의 부산물로 얻어지는 금속이다. 1871년 러시아의 화학자 드미트리 멘델레예프가 최초로 그 존재를 예언했지만 실제의 발견은 1875년 프랑스의 화학자 폴 에밀 르코크 드 부아보드랑에 의해 이루어졌다. 이후 오랫동안 갈륨의 유일한 용도는 인듐 및 주석과 혼합한 합금 갈리스탄(gallistan)을 만드는 것뿐이었다. 이것은 -19℃(-2°F)에서 녹으므로 수은의 대체품으로 쓰였다. 하지만 오늘날에는 휴대폰을 비롯한 많은 기기에 쓰이므로 현대 생활에 필수적이다. 따라서 전 세계의 연간 생산량이 200톤에 미치지 못하지만 세계 경제에는 매우 중요하다. 비(소)화갈륨(GaAs)과 질(소)화갈륨(GaN)은 우수한 반도체로서 컴퓨터, 레이저, 태양전지, 발광다이오드(LED) 등에 쓰인다. 이미 40년 이상 쓰여온 비화갈륨은 자극이 가해지면 적색으로 빛난다. 반면 비교적 새로운 물질인 질화갈륨은 청색으로 빛나므로 다른 LED들과 결합하여 흰빛으로 느껴지는 빛을 내는 방법을 완성하게 했다. 이러한 LED는 다른 조명 수단들보다 전기를 훨씬 적게 소모한다. 질화갈륨은 다른 장점도 있다. 다른 반도체에 비해 훨씬 높은 온도에서도 안정할 뿐 아니라 규소와 달리 반드시 완전한 결정일 필요도 없다. 갈륨의 동위원소들 가운데 방사성인 갈륨-67과 갈륨-68의 염들은 의료 진단 장치에 쓰인다.

관련 원소

알루미늄(Al 13)
121쪽

비소(As 33)
107쪽

인듐(In 49)
127쪽

3초 인물 소개

폴 에밀 르코크 드 부아보드랑
1838~1912
1875년 파리에서 갈륨을 발견한 프랑스의 화학자.

조레스 알페로프
1930~
1970년 비화갈륨 태양전지를 처음으로 만든 소련 시대 출생의 러시아 물리학자.

30초 저자

존 엠슬리

3초 배경

원소기호: Ga
원자번호: 31
어원: 프랑스 지역을 뜻하는 라틴어 갈리아(Galia)에서 유래.

3분 반응

주기율표의 13족에 속하는 갈륨은 녹는점이 29.8℃(85.6°F)에 불과하므로 손에 올려놓으면 액체가 된다. 그 화학적 성질은 최외각의 세 전자에 의해 좌우된다. 따라서 다른 원자들과 세 개의 결합을 할 수 있는데, 그 한 예인 트리메틸갈륨($Ga(CH_3)_3$)은 반도체를 만드는 데에 쓰이는 휘발성의 액체이다. 갈륨의 화합물에는 불(소)화 갈륨 GaF_3처럼 1000℃(1830°F)의 고온에서 녹는 게 있는가 하면 염(소)화갈륨 Ga_2Cl_6처럼 78℃(172°F)의 저온에서 녹는 것도 있다.

갈륨은 컴퓨터와 휴대폰과 LED 등에 쓰인다.
질화갈륨은 블루레이 기술에 쓰이는 푸른빛을 낸다.

1838년 4월 18일
프랑스 코냑의 포도주를 생산하는 가문에서 출생

어린 시절
정규 교육을 받지 못해 책들을 보며 독학하고, 살던 집에 스스로 실험실을 차리고 연구하다

1859년
독일의 물리학자 구스타프 키르히호프(Gustav Kirchhoff)와 화학자 로베르트 분젠(Robert Bunsen)이 분광학을 개척했는데, 이는 부아보드랑의 핵심적인 연구 분야가 되었다

1875년
아연의 광물에서 갈륨을 발견하다

1876년
프랑스 최고의 영예인 레종 드뇌르(Lgion d'Honneur) 훈장을 받다

1879년
화학에 기여한 업적으로 영국왕립학회의 데이비상(Davy Medal)을 받다

1880년
란타넘족의 원소 사마륨을 발견하다

1886년
란타넘족의 원소 디스프로슘을 발견하다

1894년
아르곤이 발견된 뒤 그는 비활성 기체로 이루어진 새로운 족의 존재를 예언했다

1895년
건강이 악화되어 연구에 제약을 받기 시작하다

1912년
관절이 붙어서 움직이지 않는 관절유착증으로 파리에서 사망

폴 에밀 르코크 드 부아보드랑

1838년에 태어난 프랑스의 화학자 폴 에밀 르코크 드 부아보드랑은 햇볕이 내리쬐는 코냑 지방의 포도원에서 가업인 포도주를 만들며 일생을 보낼 수도 있었을 것이다. 하지만 그는 어렸을 때부터 화학에 매료되어 여러 종류의 주정을 실험해보기로 마음먹고 자신의 집에 스스로 실험실을 차려 연구하기 시작했다.

드 부아보드랑은 분광학 분야에 마음이 끌렸다. 분광학에서는 고체나 기체를 가열했을 때 방출되는 빛을 프리즘으로 분산하여 얻는 스펙트럼을 분석한다. 각각의 원소는 스펙트럼에서 특유의 선들을 나타내므로 이를 지문처럼 활용하여 시료에 포함된 원소들을 찾아낼 수 있다. 그는 이와 같은 분석에 10년의 세월을 바쳤다.

뜨거운 분젠 버너에 쏟은 여러 해 동안의 노력은 1875년 중요한 발견에 의해 보상을 받았다. 피레네 산맥에서 가져온 아연 광물을 분석한 끝에 그는 지금껏 없었던 새로운 스펙트럼선들을 발견했던 것이다.

러시아의 화학자 드미트리 멘델레예프는 자신이 제시한 주기율표에서 알루미늄의 아래에 있는 빈칸에 주목했다. 그는 거기에 들어갈 원소를 '에카알루미늄'이라 부르고 몇 가지의 특성을 예언했다. 드 부아보드랑이 발견한 원소는 멘델레예프의 예언과 일치했고, 이로써 미지 원소의 미스터리는 말끔히 걷혀졌다. 1875년 12월 그는 자신의 발견을 프랑스의 과학 아카데미에 제출했고 원소의 이름은 갈륨이라고 지었다. 이는 자신의 조국 프랑스를 가리키는 라틴어 갈리아(Galia)에서 따온 것인데, 어떤 사람은 갈루스(gallus)가 수탉(cock)을 뜻하므로 결국 그의 이름 르코크(Lecoq)에서 따온 것이라는 농담을 하기도 했다.

멘델레예프는 갈륨의 성질이 자신의 예언과 아주 비슷하다는 말을 듣고 기쁨에 겨웠다. 하지만 드 부아보드랑이 측정한 갈륨의 밀도 $4.9g/cm^3$은 멘델레예프가 예언한 $6g/cm^3$과 차이가 컸다. 이에 러시아의 페테르부르크에 있던 멘델레예프는 드 부아보드랑에게 다시 측정하도록 부탁했고 결국 멘델레예프의 예언과 일치함이 밝혀졌다.

이후에도 드 부아보드랑은 란타넘족 원소인 사마륨을 1880년 그리고 디스프로슘을 1886년에 발견하는 성공을 거두었다. 하지만 갈륨의 화합물은 오늘날 컴퓨터 칩에 들어가는 반도체와 고해상도 블루레이 플레이어에 들어가는 푸른색 레이저에 쓰인다는 점에서 갈륨의 발견은 여전히 그의 가장 큰 업적으로 평가된다. 그러므로 지금 필자가 쓰고 있는 컴퓨터와 나중에 독자 여러분이 읽게 될 수도 있는 킨들 디스플레이의 핵심 부품을 낳은 화학자에게 코냑을 들어 건배하며 축하를 드리는 게 어떤가?

49
In

인듐

INDIUM

전이원소들의 뒤에 자리하고 있어서 이른바 전이후원소라고 부르는 것들 가운데 하나인 인듐은 금속의 일반적인 특성을 충족하지 못한다. 녹는점은 157℃(314℉)에 불과하고 연하며 전기도 잘 통하지 않는다. 하지만 이런 성질들은 나름대로 유용하다. 인듐은 제2차 세계대전이 끝난 뒤에 땜납을 비롯하여 저온에서 잘 녹는 합금을 만드는 데에 이용하기 위해 생산되었다. 인듐의 광물은 드물어서 아연 광물의 불순물로 존재하는 인듐이 오늘날 그 주된 원천이다. 하지만 인듐이 희귀한 원소인 것은 아니며, 지각에는 수은과 비슷하게 함유되어 있다. 주산지는 중국인데 오늘날 생산되는 대부분의 인듐은 단단하고 투명한 박막의 반도체인 산화인듐주석(ITO, indium tin oxide)을 만드는 데 쓰인다. 이처럼 전도성과 투명성의 겸비는 귀하고도 드물어서 ITO는 LCD, LED, 태양전지 등의 투명 전극으로 이용된다. 인듐은 또한 주석 및 아연과 함께 짧고 단속적인 비명을 지르는 소수의 금속 무리에 속한다. 이 소리는 결정 속의 원자들이 대칭면에 대한 거울상의 모습으로 재배치되면서 발생한다.

관련 원소

갈륨(Ga 31)
123쪽

탈륨(Tl 81)
131쪽

3초 인물 소개

히에로니무스 테오도르 리히터,
1824~1898

페르디난트 라이히
1799~1882

1863년 인듐을 함께 발견한 독일의 화학자들. 리히터는 인듐을 처음으로 분리하기도 했다.

루벤 리케
?~?

유기화학 분야에서 반응성이 높은 인듐 가루의 용도를 개척한 미국의 화학자.

30초 저자

필립 볼

3초 배경

원소기호: In

원자번호: 49

어원: 독특한 스펙트럼은 나타내는 인디고(indigo) 색깔에서 유래.

3분 반응

인듐은 그 이름에 어울리는 특성이 있어서 인듐, 이트륨, 망가니즈, 산소가 결합된 화합물은 깊은 바다와 같은 짙은 푸른색을 띤다. 하지만 열과 빛에 둔감하므로 오늘날 차량이나 지붕에 칠할 푸른색의 염료 물질로 활용되고 있다. 그 장점은 적외선을 흡수하지 않으므로 강한 햇빛에서도 그다지 뜨거워지지 않는다는 데에 있는데, 이 새로운 푸른색의 앞날에 놓인 주된 장애는 인듐 자체의 높은 가격이다.

주석처럼 인듐도 구부러질 때 타닥거리는 소리를 낸다.
인듐은 트랜지스터와 반도체는 물론
LED와 태양전지를 만드는 데에도 쓴다.

50

Sn

주석

TIN

주석은 공기 중에서 쉽게 산화하지 않으므로 대부분의 다른 금속들보다 은빛의 광택을 오래 유지한다. 여기에 다루기 쉽고 이산화주석의 광물도 흔하다는 장점이 더해져서 주석은 5,000년 이상의 오랜 세월 동안 쓰여왔다. 주석은 그 자체로는 잘 쓰이지 않는다. 13℃(55°F) 이상에서는 유연했던 주석이 그 이하에서는 알파 주석이라는 동소체로 바뀌는데, 회주석(grey tin)이라고도 부르는 이 동소체는 쉽게 부서져서 가루가 되는 특성이 있기 때문이다. 따라서 주석은 다른 금속들과의 합금으로 널리 쓰이며, 가장 주목할 사례는 기원전 3000년 무렵부터 쓰인 구리와의 합금이다. 주성분이 구리인 이 합금은 바로 청동으로서, 내구성이 강하여 무기로 적합했기 때문에 고대의 석기시대를 획기적으로 변화시켜 청동기시대를 열었다. 한편 백랍은 이와 반대로 주석을 주성분, 구리(때로는 안티모니)를 부성분으로 만든 합금이며, 다루기가 쉬워서 오래전부터 접시나 음료의 용기 등으로 쓰여왔다. 오늘날 주석은 녹이 슬기 쉬운 철판에 부식을 방지하기 위한 도금으로 입혀서 만드는 식품 보관용 깡통과 저온에서 잘 녹는 땜납을 만드는 데 많이 쓰인다. 주석은 또한 탄화수소와 결합하여 유기주석 화합물을 만드는데, 특히 산화트리부틸틴이 유명하다. 화학식이 $C_{24}H_{54}OSn_2$로서 덩치가 큰 이 분자는 항균 효과가 뛰어나서 목재의 보존제로 널리 쓰인다.

30초 저자

브라이언 클렉

3초 배경

원소기호: Sn

원자번호: 50

어원: 금속을 뜻하는 독일어의 친(zinn)과 고대 영어의 틴(tin)에서 유래.

3분 반응

주석 원자에는 50개의 양성자가 있는데 이는 마법수의 하나여서 주석은 특히 안정한 원소의 하나다. 마법수의 원자핵은 강하게 결합하므로 핵분열이 일어나기 어렵다. 그러므로 주석-112에서 주석-124에 이르기까지 안정한 동위원소들이 많은데, 그중 열 번째는 주기율표 전체를 통틀어 가장 안정하다.

관련 원소

규소(Si 14)

103쪽

납(Pb 82)

133쪽

3초 인물 소개

피터 듀런드

18~19세기

1810년 주석으로 만든 깡통에 대한 특허를 얻은 영국인.

영어에서 흔히 그냥 틴(tin)이라고 부르는 주석 캔(깡통)은 정확히 말하자면 철판에 주석을 도금한 것이다. 이런 캔이나 청동으로 낯익은 주석은 땜납에 쓰이기도 한다.

81
Tl

탈륨

THALLIUM

애거서 크리스티의 소설 『창백한 말(The Pale Horse)』에서 보듯 탈륨은 살인범이 될 수 있다. 탈륨이 인체의 조직에 서서히 쌓여 1그램 정도에만 이르면 2주 전후에 죽을 수 있다. 맛도 냄새도 없어서 사전 경고는 없지만 얼마 가지 않아 머리가 빠르게 빠지고 신경계와 소화계에 심한 장애가 일어난다. 이런 효과가 나타나도 며칠 동안은 알아차릴 수 없겠지만 탈륨의 존재는 사후에 검시해보면 쉽게 드러난다. 1960년대까지 탈륨의 주된 용도는 황산탈륨을 이용하는 쥐와 개미의 퇴치였다. 그런데 1972년 미국의 상징인 흰머리독수리의 죽거나 병든 것들 가운데 약 4분의 1이 탈륨에 중독되었던 것으로 드러남에 따라 미국은 탈륨을 독약으로 사용하는 것을 금지했고, 이후 몇 년 사이에 다른 나라들도 이를 따랐다. 오늘날 탈륨은 저온에서 녹는 유리, 광전관, 스위치, 저온 온도계용 수은 합금, 탈륨염 등을 만드는 데에 쓰이고 있다. 탈륨은 1861년 윌리엄 크룩스와 클로드 오귀스트 라미가 서로 독립적으로 황산을 만드는 데 쓰이는 셀레늄 광물의 잔류물에서 발견했다. 두 사람은 모두 당시 새로 개발된 불꽃 분광법을 이용하여 탈륨이 발생하는 강한 녹색 스펙트럼선을 찾아냈다. 셀레늄을 추출한 이 잔류물에서 텔루륨을 분리하려 했지만 예상과 달리 이들은 새 원소를 발견했던 것이다.

관련 원소

황(S 16)
149쪽

포타슘(K 19)
21쪽

텔루륨(Te 52)
111쪽

납(Pb 82)
133쪽

3초 인물 소개

클로드 오귀스트 라미
1820~1878
탈륨을 독립적으로 발견한 프랑스의 화학자.

윌리엄 크룩스
1832~1919
탈륨과 관련된 연구를 하면서 이를 발견한 영국의 화학자.

30초 저자

제프리 오언 모런

3초 배경

원소기호: Tl

원자번호: 81

어원: 불꽃 분광법에서 나타난 밝은 초록빛을 보고 녹색의 싹을 뜻하는 그리스어 탈로스(thallos)에서 따왔다.

3분 반응

깨끗한 상태에서는 주석을 닮고 퇴색하면 납과 비슷하게 보이는 탈륨은 사뭇 물러서 상온에서 칼로 자를 수 있을 정도이며, 망치로 넓게 펴서 종이처럼 말 수도 있다. 지각에 비교적 풍부하게 들어 있으며, 대부분 진흙이나 화강암 속의 포타슘을 주성분으로 하는 광물들에 함유되어 있다. 또한 황철광을 구워 황산을 생산하는 과정의 부산물로도 얻어진다.

예전에는 쥐약의 원료로 많이 쓰였던 탈륨은 오늘날 인공 보석의 착색과 첨단 적외선 발광 장치 등을 비롯한 여러 용도에 쓰이고 있다.

82
Pb

납

LEAD

30초 저자
휴 앨더시 윌리엄스

납은 인류에게 고대로부터 알려진 몇 안 되는 금속들 가운데 하나다. 다른 금속들처럼 강하지는 않지만 연하고 녹는점이 낮으므로 다루기가 편해서 많은 용도를 갖고 있다. 공기 중에 노출되면 납의 표면에는 탄산납의 얇은 막이 만들어지는데, 이것 때문에 더 이상의 부식이 차단된다. 따라서 납은 지붕과 배수관과 관을 만드는 데에 이상적이며, 고대 로마인들은 영국에서 캐낸 납을 제국 전체에 걸쳐 이 용도에 사용했다. 납의 광물들은 흰색과 검은색과 빨강색을 띠므로 화장품에도 쓰였다. 납의 원소기호 Pb는 납을 뜻하는 라틴어 플룸붐(plumbum)에서 나왔는데, 이는 배관을 뜻하는 영어 plumbing의 어원이기도 하다. 납은 또한 밀도가 높아서 주사위, 낚시의 추, 그리고 건물 공사 등에서 수직선을 설정하기 위한 추의 재료로도 쓰인다. 로마인들은 용해도가 높은 초산납을 포도주의 감미료로 사용하기도 했는데, 현대에 들어 납은 활자와 총탄의 재료로 쓰이게 되었다. 납의 독성은 고대로부터 알려지기는 했지만 가정용 배관, 페인트, 유리, 땜납, 백랍 등의 많은 현대적 용도들에 제한이 가해진 것은 20세기에 들어서의 일이었다.

관련 원소
주석(Sn 50)
129쪽
플레보륨(Fl 114)
153쪽

3초 인물 소개

가스통 플란테
1834~1889
납축전지를 발명한 프랑스의 물리학자.

토머스 미즐리
1889~1944
테트라에틸납을 휘발유에 첨가하는 방법을 개발한 미국의 기계공학자이자 화학자.

안셀름 키퍼
1945~
납을 여러 작품에 사용한 독일의 예술가.

3초 배경
원소기호: Pb
원자번호: 82
어원: 이미 오래도록 잘 알려진 납을 가리키는 앵글로색슨어의 lead가 그대로 채택되었다.

3분 반응
아직껏 널리 쓰이는 납의 용도 가운데 하나는 차량용 배터리다. 1859년에 발명된 납축전지는 비교적 염가이면서 차의 엔진을 가동하는 데 필요한 강한 전류를 방출할 수 있다. 이 배터리가 방전하면 황산에 잠겨 있는 전극은 황산납으로 변하며 충전을 하면 반대의 과정이 일어난다. 황산납이 전극에 오래 머물면 결정화가 일어나 충전이 어려워진다. 따라서 납축전지는 충분한 충전 상태를 유지하는 게 중요하다.

내구성이 강하고 부식에도 매우 잘 견디는 납은 고대 로마인들이 널리 사용했고 오래도록 많은 용도에 쓰였다. 연금술사들은 납을 가장 오래된 금속이라고 여겼다.

◑

비금속

비금속
용어해설

가황 천연고무나 합성고무의 강도를 높여 탄성이 뛰어나고 마모에 강하게 만드는 과정. 미국의 발명가 찰스 굿이어가 1839년에 개발했으며, 황을 이용하여 천연고무에 있는 탄소가 주성분인 고분자들이 서로 연결되는 구조가 되도록 했다. 그 이름은 로마 신화에 나오는 불의 신 불칸(Vulcan)에서 따왔는데, 이는 이 과정이 140~180℃(280~360℉) 정도로 가열하여 진행되기 때문이었다. 타이어, 아이스하키의 퍽, 호스 등의 제품은 가황을 한 고무로 만들어진다.

맨틀 지구의 지각과 외핵 사이에 있는 약 2,900킬로미터 두께의 층. 다이아몬드는 온도가 적어도 1,000℃가 넘고 깊이가 150킬로미터 정도인 곳에서 지구가 태어날 때부터 존재하는 탄소를 주원료로 하여 만들어진다. 지각에서 발견되는 다이아몬드는 이렇게 만들어진 후 깊은 곳에서 일어나는 화산작용에 의해 지표면 가까이로 떠오른 것들이다.

비금속 비금속으로 분류되는 원소들 가운데 수소는 주기율표의 1족에 있고 다른 것들은 13~18족에 있다. 비금속들은 열과 전기를 잘 통하지 않는다. 상온에서 대개 기체이거나(수소와 산소 등) 고체이다(탄소와 인 등).

	원소기호	원자번호
수소	H	1
탄소	C	6
질소	N	7
산소	O	8
인	P	15
황	S	16
셀레늄	Se	34
플레로븀	Fl	114
테네신	Ts	117

삼원자 분자 세 개의 원자로 만들어진 분자. 오존(O_3)이 대표적인 예이다.

상자성 자기장에 끌리지만 자기장이 사라지면 자성도 사라지는 성질. 반면 강자성(ferromagnetic)의 물질들은 자기장에 끌려든 뒤 자기장이 사라져도 자성을 유지하며, 이런 것들을 영구자석이라고 부른다.

수소 원자 모든 원소들 가운데 가장 간단한 원소인 수소는 하나의 양성자로 이루어진 원자핵의 주위를 하나의 전자가 공전하는 구조로 되어 있다. 일상적인 상태에서의 수소는 이원자 분자인 H_2로 되어 있다.

수소 결합 한 분자에 있는 수소와 다른 분자에 있는 전기음성도가 큰 원소와의 사이에서 이루어지는 상호작용. 후자는 산소, 플루오린, 질소인 경우가 많으며, 물 분자들 사이에서 이루어지는 게 대표적인 예이다. 엄밀히 말하면 수소 결합은 화학 결합이 아니며, 단순히 한 분자에서 약간의 양전하를 띤 부분(물의 경우 수소 원자)과 다른 분자에서 약간의 음전하를 띤 부분(물의 경우 산소 원자)이 전기적 인력에 의해 서로 잡아당기는 작용을 가리킨다. 물속에서 각각의 물 분자는 주변에 있는 네 개의 다른 물 분자들과 수소 결합을 한다. 물의 경우 분자의 크기가 비교적 작으면서도 끓는점이 100℃(212℉)로서 사뭇 높은 것은 바로 이 수소 결합 때문이다.

안정성의 섬 초우라늄 원소들 가운데 지금껏 알려진 것들보다 훨씬 더 안정할 것으로 예상되는 이론적인 동위원소들의 무리를 가리킨다. 이 동위원소들은 반감기가 길다는 점에서 연구하기가 편할 것이다.

오존 산소의 동소체들 가운데 하나로서 세 개의 산소가 결합된 것이며 O_3로 나타낸다. 대기 상부의 오존층에 존재하는 오존은 태양으로부터 오는 해로운 자외선을 차단하여 지상의 생물들을 보호해준다.

이산소 산소 원자 두 개로 이루어진 이원자 산소 O_2의 다른 이름. 지구 대기의 20퍼센트 가량을 차지한다. 흔히 그냥 '산소'라고 부르는 O_2는 사실 산소의 몇 가지 동소체들 가운데 하나다. 다른 동소체에는 원자 산소(O_1), 오존(O_3), 사산소(O_4) 등이 있다.

전기음성도 분자 안의 원자가 전자를 끌어당기는 힘. 폴링이 제안한 척도에 따르면 프랑슘과 플루오린의 전기음성도는 각각 0.7과 3.98이다. 미국의 화학자인 라이너스 폴링은 전기음성도의 척도를 처음으로 개발했다.

흑연 탄소의 동소체 가운데 하나로 지각에서 식물의 잔해들로부터 생성된다. 문지르면 매우 매끄럽고 짙은 회색에서 검정의 색깔을 나타낸다. 이에 따라 흑연은 진한 색의 표시를 하는 데 쓰였으며, 'graphite'는 '쓰다, 그리다'라는 뜻의 그리스어 그라페인(graphein)에서 유래했다. '연필'의 '연(鉛)'은 납이라는 뜻이지만 실제로는 이 흑연(黑鉛)을 가리킨다.

1

H

수소

HYDROGEN

30초 저자
브라이언 클렉

우주에 가장 풍부하면서도 가장 단순한 원소인 수소는 양성자 하나와 전자 하나로 되어 있는데, 빅뱅이 일어난 뒤 얼마 지나지 않아 원소들이 만들어질 때 처음 생성된 이래 130억 년이 넘도록 존재해왔다. 수많은 별들이 처음 생성된 수소를 끊임없이 소모했지만 지금도 수소는 우주 전체에 있는 물질의 75퍼센트가량을 차지한다. 가볍고 무색무취이고 매우 불붙기 쉬운 이 기체는 생명에 필수적이다. 수소가 없으면 태양의 열도 없고 물도 없고 생물을 구성하는 분자들도 없다. 물이 지구에서 액체로 존재하는 이유는 물 분자들이 수소 결합을 이루고 있기 때문인데, 수소 결합이 없다면 물은 -70℃(-94℉)에서 끓어 증발해버린다. 수소는 18세기 중반 영국의 과학자 헨리 캐번디시가 처음 분리했으며, 이내 그 가벼운 성질을 이용하여 풍선을 공기 중에 띄우는 데에 이용되었다. 이런 시도는 1873년 프랑스의 과학자 자크 샤를이 처음 시작했으며 결국 조종할 수 있는 비행선을 띄울 정도로 발전했다. 하지만 1937년 독일의 거대한 비행선 LZ129 힌덴부르크가 비극적인 폭발로 파괴됨에 따라 수소를 이용한 비행선은 종막을 고하게 되었다. 최근에 수소는 자동차의 화석연료를 대체할 용도로 떠오르고 있다. 수소가 연소하면 물만 내놓을 뿐 해로운 이산화탄소는 전혀 방출되지 않는다.

관련 원소
헬륨(He 2)
65쪽

3초 인물 소개

파라켈수스
1493~1541
독일계의 스위스 의사로서 수소를 발견했지만 그 정체는 알지 못했다.

헨리 캐번디시
1731~1810
수소를 처음 분리해낸 영국의 과학자로서 이를 '가연성 공기'라고 불렀다.

앙투안 라부아지에
1743~94
1783년 수소의 이름을 지은 프랑스의 화학자.

3초 배경
원소기호: H
원자번호: 1
어원: '물의 원료'를 의미하는 프랑스어 이드로젠(hydrogène)에서 유래.

3분 반응
태양과 같은 별들에서 수소는 핵융합 반응에 쓰인다. 이때 수소의 원자핵인 양성자들은 서로 뭉쳐서 수소 다음으로 무거운 원소인 헬륨을 만들고 엄청난 에너지를 내놓는다. 태양의 경우 매초 6억 톤의 수소를 핵융합에 쓰면서 헬륨을 생성하고 4조의 1억 배, 곧 4해(垓) 메가와트에 이르는 에너지를 방출한다. 수소는 또한 무게당 추진력이 아주 커서 최대의 추진력을 얻을 수 있으므로 나사(NASA 미국 항공우주국)가 만든 로켓의 연료로 많이 쓰여왔다.

태양에서 수소를 이용하여 진행되는 핵융합 반응은 지구의 생명들에게 에너지를 공급한다. 하지만 수소를 장거리 여행에 이용하려는 시도는 1937년 힌덴부르크 비행선의 폭발로 종막을 고했다.

6

C

탄소

CARBON

30초 저자
필립 볼

신비와 영광과 중요성에 있어 탄소를 누를 원소는 없다. 탄소는 다른 원소들과 잘 결합하여 사슬과 고리를 포함하는 복잡한 구조를 만들 수 있어 생명의 뼈대를 구성하는 데 필수적 원소다. 탄소는 또한 다이아몬드의 원료인데, 이는 지구가 생성될 때 맨틀 깊숙이 갇히게 된 탄소들이 고온과 고압의 환경에서 변한 것이다. 다이아몬드의 지저분한 형제인 흑연도 순수한 탄소로 되어 있는데, 이는 죽은 식물들이 지각 속에 파묻혀 열과 압력을 받으면서 숯을 거쳐 탄소만 남아 만들어진 것이다. 다이아몬드와 흑연은 탄소가 결합된 방식이 다르다. 다이아몬드의 탄소는 각각 네 개의 주변 탄소들과 결합하여 정사면체가 규칙적으로 늘어선 삼차원적 그물 구조를 이루지만, 흑연의 탄소는 각각 세 개의 주변 탄소들과 결합하여 정육각형이 규칙적으로 늘어선 이차원적 평면 구조를 이룬다. 이로 인해 다이아몬드는 매우 단단하고 투명하고 광채가 찬란함에 비해 흑연은 매끄럽고 불투명하고 검은 금속광택을 낸다. 그래서 다이아몬드는 보석이나 드릴 비트 등에 쓰이고 흑연은 윤활제나 연필 등에 쓰인다. 오래된 별들은 대량의 탄소를 갖고 있다. 그 핵은 압력이 매우 높으므로 행성 크기의 다이아몬드가 만들어질 수도 있지만, 탄소가 다이아몬드와 흑연으로만 존재하는 것은 아니다. 흑연을 이루는 낱낱의 면들을 그래핀(graphene)이라고 부르는데 전기를 잘 통하므로 전자부품에 쓰일 수 있다. 그래핀은 둥글게 말려서 탄소 나노튜브라고 부르는 미세한 관이나 풀러린이라고 부르는 분자 크기 정도의 공이 될 수 있고, 이것들은 이른바 나노기술에서 모두 핵심적인 역할을 할 것으로 기대되고 있다.

관련 원소
질소(N 7)
143쪽
산소(O 8)
145쪽
규소(Si 14)
103쪽

3초 인물 소개
로버트 컬,
1933~
리처드 스몰리,
1943~2005
해리 크로토
1939~
각각 미국, 영국, 미국의 화학자인 이들은 버키볼이라고 부르는 C_{60}를 공동으로 발견한 업적으로 노벨화학상을 함께 수상했다.

밀드레드 드레셀하우스
1930~
탄소 나노 구조의 선구적 연구자인 미국의 물리학자.

반짝인다고 모두 금은 아니라는 속담이 있는데 그것은 탄소의 동소체들 가운데 하나인 다이아몬드일 수도 있다. 채굴된 다이아몬드의 80퍼센트가량은 보석으로 가공하기에 부적합하여 산업용으로 쓰이고 있다.

3초 배경
원소기호: C
원자번호: 6
어원: 숯이나 석탄을 뜻하는 라틴어 카르보(carbo)에서 유래.

3분 반응
탄소의 동위원소 탄소-12와 탄소-13은 안정하지만 탄소-14는 방사능을 방출하면서 스스로 붕괴한다. 하지만 탄소-14는 우주에서 날아오는 우주선이 질소와 충돌하여 일으키는 핵반응을 통해 계속 만들어진다. 이렇게 만들어진 탄소-14의 일부는 호흡을 통해 생물체로 들어오며, 생물체가 죽으면 더 이상 보충되지 않는다. 따라서 이후 탄소-14가 차츰 줄어드는 양을 측정하여 생존 연대를 알아낼 수 있으며, 이를 방사성 탄소 연대 측정법이라고 부른다.

7
N

질소

NITROGEN

질소는 지구 대기의 약 78퍼센트를 차지한다. 질소는 프랑스의 화학자 앙투안 라부아지에에 의해 1787년 현대적 의미에서 최초의 원소로 인식되었다. 자연적으로 발견되는 질소의 동위원소 질소-14와 질소-15는 모두 안정하지만 방사성 붕괴를 일으키는 동위원소는 14가지가 발견되었다. 그 가운데 질소-13은 인체의 대사 과정을 삼차원적으로 관찰할 수 있는 양전자 단층 촬영(PET, positron emission tomography)에 쓰인다. -196℃(-320°F)에서 끓는 액체 질소는 생식 세포와 생물학적 시료 등을 저장하는 냉매로 많이 쓰인다. 질소의 산화물에는 여러 가지가 있다. 질소와 산소가 하나씩 결합한 산화질소 NO는 근육 이완제이고, 질소가 하나 더 많은 일산화이질소(아산화질소) N_2O는 들이키면 웃음을 유발하며, 산소가 질소보다 더 많은 것들은 유해한 기체들로서 자동차에서 많이 배출되고 그 가운데 하나는 산성비의 원인이 된다. 질소는 DNA와 단백질의 구성 원소일 뿐 아니라 여러 가지의 신호 분자를 만들므로 모든 생물에게 필수적이다. 대부분의 질소는 대기에 있는데, 그중 소량이 땅속의 박테리아에 의해 질소와 산소와 다른 원소들이 결합된 질산염들로 바뀐다. 현대의 농업은 대기의 질소를 공업적 과정에 의해 질산염들로 바꾸어 만든 비료에 크게 의존하고 있다.

30초 저자
필립 스튜어트

3초 배경
원소기호: N
원자번호: 7
어원: 초석을 뜻하는 나이터(nitre)와 근원을 뜻하는 그리스어 어근 겐(gen)에서 유래.

3분 반응
공업적인 하버 공정에서 질소 기체는 수소와 결합하여 분자식이 NH_3인 암모니아를 만들며, 오스트발트 공정에서 암모니아는 산소와 결합하여 분자식이 HNO_3인 질산을 만든다. 이렇게 만든 암모니아와 질산은 비료와 폭약의 원료로 쓰인다. 질산은 또한 목재를 오래되어 보이게 하거나 물 및 알코올과 혼합하여 금속을 식각하는 데에도 쓰인다.

관련 원소
탄소(C 6)
141쪽
산소(O 8)
145쪽
인(P 15)
147쪽

3초 인물 소개
앙투안 라부아지에
1743~1794
질소와 산소와 수소가 원소임을 최초로 명확히 파악한 프랑스의 화학자.

대니얼 러더퍼드
1749~1819
질소를 처음으로 분리한 스코틀랜드의 화학자이자 식물학자로서 그는 질소를 '유해한 기체'라고 불렀다.

화학식이 N_2O인 아산화질소는 향기와 단맛이 나는 '웃음 기체(소기 笑氣)'이며 마취제로도 쓰인다. 반면 화학식이 NO_2인 이산화질소는 결코 웃음거리가 아니다. 자동차의 배기가스에 섞여 나오는 이 기체는 대기 오염의 주범들 가운데 하나이기 때문이다.

산소

OXYGEN

산소는 우주에서 세 번째로 풍부한 원소인데 이는 그 원자핵이 이중마법수의 구조를 갖고 있기 때문이다. 마법수는 원자핵이 특별히 안정한 상태일 때의 양성자 또는 중성자의 개수를 가리키는데, 양성자와 중성자의 개수가 모두 마법수인 경우를 이중마법수라고 말한다. 산소는 1774년 프랑스의 화학자 앙투안 라부아지에가 발견했으며 그는 이를 통해 연소에 대한 종래의 플로지스톤 이론을 뒤엎고 에너지와 질량과 열에 대한 현대적 이해에 이르는 길을 열었다. 플로지스톤 이론은 연소가 일어날 때 불의 원소인 플로지스톤이 빠져나간다고 설명하는 것으로, 연소를 산소와의 결합이라고 보는 라부아지에의 이론에 의해 타파되었다. 라부아지에는 자신이 발견한 원소가 산을 낳는 것으로서 모든 산에 있다고 생각하여 옥시겐(oxygene)이라고 이름 지었다(이를 직역한 게 바로 '산소'이다 – 옮긴이). 원소로서의 산소는 반응성이 아주 높은 산화제이다. 운석에 있는 산소는 언제나 화학적으로 결합된 상태로 발견되며 대개는 규산 광물의 형태이다. 지구의 대기에는 본래 산소가 없었지만 오늘날에는 산소 분자가 약 20퍼센트를 차지하는데, 이는 생물학적으로 일어나는 광합성 반응의 산물이다(햇빛+이산화탄소 → 포도당+산소). 따라서 태양계를 벗어난 곳의 행성에서 생명의 존재를 발견하고자 하는 과학자들은 산소를 검출하려고 노력한다.

30초 저자
마크 리치

3초 배경
원소기호: O
원자번호: 8
어원: 산성이나 날카로움을 뜻하는 그리스어 옥시스(oxys)와 근원을 뜻하는 그리스어 어근 겐(gen)에서 유래.

3분 반응
산소는 최외각의 전자가 두 개로서 전기음성도가 강한 원소이다. 그래서 물, 알코올, 설탕 그리고 대부분의 산에서 발견되는 O–H 결합은 수소 결합에 관여한다. 물 분자들은 이 수소 결합에 의해 서로 비교적 강하게 끌리므로 끓는점이 높고 많은 물질들을 잘 녹이는 용매로서도 좋다. 액체 산소는 끓는점이 −183℃(−297℉)이고 연푸른색이며 상자성이 강하다. 따라서 강한 말굽자석 사이에서 떠 있을 수 있다.

관련 원소
질소(N 7)
143쪽
황(S 16)
149쪽

3초 인물 소개
조지프 프리스틀리,
1733~1804
카를 빌헬름 셸레
1742~1786
영국의 신학자이자 자연철학자 그리고 독일 출생의 스웨덴 화학자인 두 사람은 1772~1774년 사이에 산소를 독립적으로 발견했다. 프리스틀리는 '플로지스톤이 빠진 기체' 셸레는 '불의 기체'라고 불렀다.

앙투안 라부아지에
1743~1794
산소가 원소임을 확인하고 이름을 지은 프랑스의 귀족이자 화학자.

산화가 없으면 연소도 없다.
병 안을 진공으로 만들어 산소를 없애면
무슨 일이 일어날까?

인

PHOSPHORUS

30초 저자
필립 스튜어트

관련 원소
질소(N 7)
143쪽
황(S 16)
149쪽
비소(As 33)
107쪽

3초 인물 소개

로버트 보일
1627~1691
브란트의 인 제조법을 개선한 아일랜드 출생의 영국 자연철학자.

헤니히 브란트
1630~1710
신비로운 현자의 돌을 찾으려는 시도를 하던 중에 인을 발견한 독일의 연금술사.

1669년 인은 고대 이래 최초로 발견된 원소가 되었는데, 그것도 아주 찬란한 등장이었다. 독일의 연금술사 헤니히 브란트는 함부르크의 이웃들로부터 얻은 수십 통의 소변 잔류물에서 이를 추출했는데, 어둠 속에서 환히 빛나는 광경은 그동안의 고생을 충분히 보상해주었다. 그는 자신의 방법을 비밀에 부쳤지만 아일랜드 출생의 영국 자연철학자 로버트 보일은 이를 파헤쳤고 나중에는 냄새가 덜 나는 방법을 찾아냈다. 순수한 인은 흰색, 빨강색, 보라색, 검정색 등의 여러 가지가 있지만 반응성이 너무 강해서 자연에서는 원소 자체로 발견되지 않는다. 백린은 치명적인 맹독으로서 초기에 성냥의 제조에 인을 썼던 결과로 그 종사자들에게 인산 괴사(phossy jaw)가 많이 발생했는데, 이 병이 지속되면 치통에 이어 잇몸이 붓고 턱에 농양이 생기며 결국 뇌의 손상에 이른다. 그래서 현대에 들어서는 백린 대신 적린을 성냥갑의 거친 표면에 발라서 발화시키는 방식으로 바꾸었다. 오늘날 백린은 소이탄과 조명탄과 연막탄 등에 쓰인다. 인의 주된 원천은 인산이 풍부한 암석인데, 여기에는 인과 산소로 이루어진 인산 이온이 주로 칼슘과 결합된 광물이 들어 있다. 인은 DNA, 세포막, 세포 주위에 에너지를 공급하는 분자 등의 성분이므로 생물에게 필수적이다. 뼈와 이빨은 주로 인산칼슘으로 되어 있는데, 이는 우유에도 함유되어 있다.

3초 배경
원소기호: P
원자번호: 15
어원: 샛별(금성)의 그리스어 이름에서 유래. 빛(포스phos)를 가진 것(포러스phoros)이란 뜻이다.

3분 반응
인의 화합물에는 중요한 것들이 많다. 골회로 만든 도자기에서 인은 도자기의 성분이다. 인의 소듐 화합물은 연수제와 세제로 쓰인다. 인을 유기 분자들과 결합한 것은 내연제, 제초제, 살충제에 쓰인다. 지금은 법으로 금지된 신경독소 사린에도 인이 들어가는데, 독일에서 개발된 이 물질은 1995년 3월 20일 일본 도쿄의 지하철에서 옴진리교 신도가 살포하여 많은 사상자가 발생한 사건에 사용되었다.

인은 지옥의 원소일까? 이 원소의 그리스어 어원은 라틴어로 번역될 때 루키페르(lucifer)로 변했는데, 이게 유태교와 기독교에 전해지면서 타락한 천사의 두목인 사탄을 뜻하게 되었다.

16
S

황

SULFUR

30초 저자
필립 볼

만일 악마가 지닌 원소가 있다면 그것은 바로 황(유황)일 것이다. 황은 자극적인 냄새를 풍기면서 불타는데, 이 때문에 고대 영어에서는 불타는 돌(brimstone)이라고 불렀다. 그래서 성경의 창세기에 따르면 유황불이 죄악의 도시 소돔과 고모라에 비처럼 퍼부어졌고 요한계시록에는 심판의 날에 악마들이 불타는 유황 연못으로 죄인들을 몰아넣을 것이라고 쓰여 있다. 하지만 불타는 황은 이미 엄청난 시련을 가져다주었다. 황은 672년 무렵에 만들어진 그리스 불(Greek fire)과 화약의 성분이다. 산소와 결합한 황은 매캐한 냄새를 풍기는 산화물이 되고 이게 물에 녹으면 황산이 된다. 금성에서는 황산이 대기 중에 떠돌다 구름으로 응축되면 비가 되어 쏟아진다. 지구에 내리는 산성비는 이보다 훨씬 약하지만 돌을 부식하고 나무를 죽일 수 있는데, 그 원인은 석탄을 태울 때 황이 포함된 연기가 배출되는 데 있다. 이러한 점들에도 불구하고 황은 생명에게 필수적이다. 황은 두 가지 아미노산의 성분이며 우리 몸에는 140그램 정도가 들어 있다. 게다가 생명의 근원이 깊은 바다의 열수공 부근에서 일어나는 황의 반응들에서 유래한다는 이론도 있다.

관련 원소
산소(O 8)
145쪽
셀레늄(Se 34)
136쪽

3초 인물 소개

자비르 이븐 하이얀
721?~815?
거버(Gerber)라고도 불리는 페르시아의 연금술사로서 금속들은 황과 수은으로부터 만들어진다는 이론을 폈다.

찰스 굿이어
1800~1860
고무의 가황 공정을 개발한 미국의 발명가.

3초 배경
원소기호: S
원자번호: 16
어원: 황의 광물을 가리키는 아랍어 수프라(sufra)에서 유래.

3분 반응
탄소를 주성분으로 하는 고분자들에서 황은 탄소와 탄소를 연결하는 다리 역할을 할 수 있다. 곱슬곱슬한 머리카락과 양털에서 황 원자들은 두 개씩 나란히 늘어서서 주성분인 케라틴 단백질의 분자들을 연결하고 있다. 머리카락을 곧게 펴는 약은 이 결합들을 끊어서 단백질 분자들이 곧게 늘어서도록 해준다. 이러한 황의 다리는 천연고무에 들어 있는 탄소 고분자들을 연결하여 튼튼하게 만드는 데에도 쓰이는데, 이 공정을 가황이라고 부른다.

하늘을 뒤덮는 불……, 금성에서는 황산의 비와 맞서야 한다.
비잔틴제국 시절에 그리스인들은 '그리스 불'을 발명했는데,
이는 황과 초석(질산칼륨)을 섞어서 만든 것으로 보인다.

1941년 10월 12일
핀란드 투르쿠 부근의
히네료키에서 출생

1961년
투르쿠대학교에서 물리학을
공부하다

1967년
양자화학의 비중이 높은 연구로
물리학 박사학위를 받다

1971년
상대론적 효과에 대한
첫 논문을 발표하다

1974~1984년
핀란드 아보 아카데미(Abo
Akademi)의 양자화학
부교수로 취임하다

1984년
헬싱키대학교의 화학과 교수로
취임하다

1995년
핀란드 대통령으로부터 훈장을
받다

2009년
헬싱키대학교의 명예교수로
임명되다

2009~2012년
국제양자분자과학회(IAQMS)의
회장으로 취임하다

2011년
동료 연구자들과 함께
납축전지의 전압은 대부분
특수상대론적 효과에서
나온다는 이론을 제안하다

2012년
양자화학 분야의 선구적
업적으로 슈뢰딩거상을 받다

페카 피코

"화학의 절반은 아직 발견되지 않았다. 우리는 그게 어떨지 모르며, 그래서 우리는 도전한다" 핀란드의 이론화학자 페카 피코의 말이다. 피코와 같은 양자화학자들은 양자역학과 상대성이론의 이론에 발전하는 컴퓨터 소프트웨어를 함께 활용하여 과학적 연구의 한계를 넓히고 있다.

1941년에 태어난 피코는 투르쿠대학교를 다녔다. 1967년에는 물리학 박사학위를 받았는데, 그 연구의 3분의 1가량은 양자화학에 집중되었다. 양자화학은 스웨덴의 웁살라대학교에서 배웠던 것으로, 이후 핀란드에서도 공식적인 연구 분야로 자리 잡게 되었다.

피코는 1974년에 부교수 그리고 1984년에는 헬싱키대학교 화학과의 정교수가 되었으며 이후 2009년까지 이곳에 재직했다. 그는 아인슈타인의 상대성이론을 접목하여 양자론을 확장하는 상대론적 양자화학을 연구했다. 이를 통해 양자계산화학에 선구적으로 기여했는데, 이는 컴퓨터를 이용하여 복잡한 이론적 방정식들을 해결하는 분야를 가리킨다.

현재의 주기율표에는 일곱 개의 주기가 실려 있다. 하지만 1969년 글렌 시보그는 (46~47쪽 참조) 여덟째 주기가 존재할 수 있다는 제안을 내놓았다. 피코는 컴퓨터 모델을 이용하여 여덟째와 아홉째의 주기를 연구하고 거기에 포함된다고 믿는 54개의 원소를 제시했다. 만일 그가 옳다면 주기율표의 원자번호는 172까지 올라가므로 현재까지 합성된 118번 원소를 훨씬 넘어선다. 이 새로운 주기에 들어갈 원소들의 반감기는 아주 짧을 것으로 예상된다. 하지만 아무튼 입자가속기를 이용하여 만들어낼 수 있을지도 모른다.

2012년에 그는 양자화학 분야의 선구적 업적에 힘입어 슈뢰딩거상을 받았다. 이 분야의 연구는 과학자들로 하여금 물리학의 근본 법칙들을 이용하여 화합물들의 성질들을 예측할 수 있게 해준다. 그 결과로 과학의 가장 중요한 진전들이 나타날 수 있는데, 그 예로는 동물들에 대한 약물 실험의 대체, 암의 진단법과 치료법의 개선, 청정에너지의 발견에 대한 지원 등을 들 수 있다.

피코는 또한 완전히 새로운 화합물들의 존재를 예언했는데, 이것들은 이후 실제로 발견되기도 했다. 금이 극히 비활성인 제논과 공유결합을 통해 만드는 $[AuXe]^+$ 이온은 그 한 예이다. 그는 또한 금과 탄소가 삼중 결합을 이룰 수 있다는 사실 그리고 금과 텅스텐이 결합한 새로운 분자 WAu_{12}의 존재도 예언했다.

114
Fl

플레로븀

FLEROVIUM

30초 저자
필립 스튜어트

플레로븀은 2012년에 공식적으로 명명된 원소로서 한 번에 겨우 몇 개씩의 원자들이 순간적으로만 존재한다. 우라늄보다 무거운 원소들의 존재 가능성은 프랑스의 석학 샤를 자네가 실제로 발견되기 훨씬 전인 1928년에 이미 제시했다. 그는 자신이 고안한 주기율표의 탄소 뒤에 114개의 자리를 마련하여 모두 120개의 원소를 실었다. 원자핵 안의 양성자와 중성자가 어떤 개수로 있을 때는 특히 안정할 수 있다는 마법수의 이론에 따르면 114와 184는 마법수에 해당하므로 114개의 양성자와 184개의 중성자로 이루어진 플레로븀-298은 이중마법수를 갖는 원소여서 안정성의 섬이 될 수 있다. 그리하여 이 원소는 물론 주변의 다른 원소들도 어쩌면 특히 안정할 수 있다. 그런데 최근에는 원자번호가 120과 126인 원소도 이런 경우에 해당할 수 있다는 견해가 제시되었다. 러시아 두브나의 물리학자들은 1998년 12월에 시작한 연구에서 칼슘-48을 플루토늄 타깃에 발사하여 원자번호가 114인 원소를 몇 개 만들어냈다. 그 초기의 결과는 불확실했지만 현재는 이 실험들을 하던 도중에 질량수가 285~289인 원소들이 생성되었다고 여겨지고 있다. 이 가운데 가장 무거운 것의 반감기가 가장 길며, 그중 한 형태의 반감기는 1분이 넘는다.

관련 원소
플루토늄(Pu 94)
49쪽
테네신(Ts 117)
155쪽

3초 인물 소개

샤를 자네
1849~1932
왼계단(left-step) 주기율표를 고안한 프랑스의 석학.

게오르기 플레로프
1913~1990
소련의 원자폭탄 계획을 처음 이끌었던 핵물리학자. 플레로븀의 이름은 그를 기려 지어졌다.

3초 배경
원소기호: Fl
(이전에는 Uuq)
원자번호: 114
어원: 러시아 플레로프핵반응연구소(Flerov Laboratory of Nuclear Reactions)의 이름에서 따왔는데, 이 연구소의 이름은 러시아의 물리학자 게오르기 플레로프(Georgy Flerov, 1913~1990)를 기려 지어졌다.

3분 반응
플레로븀을 합성한 두브나의 실험에서는 입자가속기로 칼슘 원자를 광속의 10퍼센트 정도로 가속하여 플루토늄 타깃에 충돌시켰다. 처음에는 플레로븀-289의 원자가 단 하나 만들어졌지만 이후 여섯 달 동안 진행된 실험에서는 두 개의 플레로븀-288 원자가 만들어졌다. 2012년 5월 31일 공식적으로 플레로븀이라고 명명되기 전까지 이 원소는 우눈쿼듐(Uuq, ununquadium)으로 불렸다.

플레로븀은 단 몇 개의 원자만 만들어졌으므로 화학자들은 그 성질에 대해 잘 알지 못한다. 하지만 실험 자료와 주기율표에서의 위치로 미루어볼 때 애초의 예상보다 휘발성이 더 클 것으로 생각된다.

117
Ts

테네신

TENNESSINE

30초 저자

마크 리치

20세기 말에 들어 주기율표는 어딘지 불완전하게 보였다. 인공적으로 만든 초우라늄 원소들은 마지막 주기의 악티늄족과 그 이후를 채워 가면서 원자번호 112인 코페르니슘(Cn)에서 멈추었다. 하지만 20세기 말부터 몇 년 사이에 새 원소를 찾는 연구는 빠른 진전을 보이게 되었다. 1999년 원자번호 114인 플레로븀(Fl)이 발견되었고, 2000년에는 본래 우눈헥슘((Uuh, ununhexium)으로 불렀지만 지금은 리버모륨(Lv, livermorium)이라고 부르는 원자번호 116의 원소가 발견되었다. 그리고 2002년에는 원자번호 118의 오가네손(Og, Oganesson), 2004년에는 원자번호 113의 니호늄(Nh, Nihonium)과 원자번호 115의 모스코븀(Mc, Moscovium)이 발견되었으며, 마침내 2010년 러시아의 두브나에서 미국과 러시아 과학자들의 공동 연구를 통해 원자번호 117의 테네신이 발견됨으로써 주기율표의 마지막 주기가 완성되었다. 따라서 앞으로 새 원소가 발견되면 주기율표에도 새 주기를 마련하고 그곳부터 채워야 한다. 원자번호 117의 원소는 테네신이라고 부르지만 에카아스타틴(eka-astatine)이라고 부르기도 한다. 실험으로 만들어진 것은 극소량에 불과하므로 그 성질을 측정하지는 못했다. 하지만 할로젠과 비슷한 성질을 가진 고체로서 녹는점은 340~550℃(644~1022℉) 부근일 것으로 예측되고 있다.

관련 원소

코페르니슘(Cn 92)
95쪽

플레로븀(Fl 114)
153쪽

3초 인물 소개

글렌 T. 시보그

1912~1999

10가지의 원소를 단독 또는 공동 연구로 발견한 미국의 화학자로 다른 초우라늄 원소들의 존재도 예언했다.

3초 배경

원소기호: Ts

원자번호: 117

어원: 1979년 국제순수응용화학연합가 제정한 새 원소 명명법의 가이드라인에 따라 잠정적으로 만들어졌다.

3분 반응

초우라늄 원소들은 원자핵들을 융합시켜 만든다. 그러면 수명이 짧은 것들은 붕괴하여 더 안정한 것으로 변한다. 따라서 이 최종 생성물들을 분석하면 본래 생성되었던 원자를 추정할 수 있다. 지금껏 테네신의 동위원소는 테네신-293과 테네신-294의 두 가지만 만들어졌는데, 양도 극히 적고 수명도 1000분의 1초가량에 불과하다. 하지만 이론적 연구에 따르면 테네신-326과 테네신-327은 수백 년 또는 그 이상의 수명을 가질지도 모른다.

원자번호가 117인 원소는 미국과 러시아의 과학자들이 함께 발견했다. 현재까지 알려진 것들 중에는 원자번호 118의 원소에 이어 두 번째로 무거운 이 원소는 칼슘 이온을 버클륨에 충돌시켜 만들었다.

◑ 부록

참고자료

단행본

Periodic Tales: A Cultural History of the Elements, from Arsenic to Zinc, Hugh Aldersey-Williams (Ecco, 2012)

Periodic Tales: The Curious Lives of the Elements, Hugh Aldersey-Williams (Viking, 2011)

The Building Blocks of the Universe, Isaac Asimov (Lancer Books, 1966)

Elegant Solutions, Philip Ball (Royal Society of Chemistry, 2005)

The Elements: A Very Short Introduction, Philip Ball (Oxford University Press, 2004)

Sorting the Elements, Ian Barber (Rourke Publishing, 2008)

The Elements, P. A. Cox (Oxford University Press, 1989)

Nature's Building Blocks, John Emsley (Oxford University Press, 2001)

The Disappearing Spoon, Sam Kean (Back Bay Books, 2011)

The Periodic Table, Primo Levi (Everyman's Library, 1996)

The Periodic Table: Its Story and Its Significance, Eric R. Scerri (Oxford University Press, 2007)

Selected Papers on the Periodic Table, Eric R. Scerri (Imperial College Press, 2009)

The Periodic Table: A Very Short Introduction, Eric R. Scerri
(Oxford University Press, 2012)

A Tale of Seven Elements, Eric R. Scerri (Oxford University Press, 2013)

잡지

Education in Chemistry
www.rsc.org/education/eic/

Foundations of Chemistry
link.springer.com/journal/

volumesAndIssues/10698

Chemistry World

www.rsc.org/chemistryworld

웹사이트

The Chemical Galaxy

www.chemicalgalaxy.co.uk

원소와 주기율표의 해석과 탐구.

Chemistry in Its Element

www.rsc.org/chemistryworld/podcast/element.asp

영국왕립학회의 화학 분야에서 제공하는 각 원소에 대한 짧은 소개 글들의 모음.

Eric Scerri

www.ericscerri.com

Hugh Aldersey-Williams

www.hughalderseywilliams.com

John Emsley's World of Chemistry

www.johnemsley.com

Periodic Spiral

www.periodicspiral.com

소프트웨어 개발자 제프 모런이 창안한 나선형의 주기율표를 대화형으로 소개.

Popular Science

www.popularscience.co.uk

과학 서적들에 대한 인기 있는 서평 사이트로 원소와 화학에 관한 많은 책들이 소개되어 있다.

Visual Elements

www.rsc.org/periodic-table

영국왕립학회의 화학 분야에서 제공하는 대화형 주기율표.

WebElements

www.webelements.com

셰필드대학교에서 개발한 사이트로 주기율표와 원소에 관한 유익한 정보들이 실려 있다.

집필진 소개

에릭 셰리 주기율표의 역사와 철학을 전문적으로 연구하는 선구적인 철학자이자 화학자이다. 모든 교육을 영국에서 받은 그는 캘리포니아 공과대학교에서 박사후과정을 마친 뒤 로스앤젤레스 캘리포니아대학교에서 화학과 과학의 역사 및 철학의 강사로 13년이 넘게 재직하고 있다. 주기율표에 관한 몇 권의 책들을 펴냈고 화학, 화학의 교육과 역사, 과학철학 등에 대해 150편이 넘는 논문과 대중적인 글들을 썼다. 또한 그는 《화학의 기초(Foundations of Chemistry)》라는 잡지의 창간자이자 편집장이며, 세계 각국에서 주기율표의 역사와 중요성에 대해 자주 강연하고 라디오와 텔레비전에도 출연하고 있다.

필립 볼 프리랜서 작가인 그는 20년 넘게 《네이처》의 편집자로 지내고 있다. 옥스퍼드대학교에서 화학 그리고 브리스톨대학교에서 물리학을 공부했으며, 과학 및 대중 매체에 주기적으로 기고하고 있다. 지은 책으로는 『H_2O: 지구를 색칠하는 투명한 액체(H_2O: A Biography of Water)』, 『브라이트 어스: 색의 발명(Bright Earth: The Invention of Color)』, 『호기심: 과학은 어떻게 모든 것에 관심을 갖게 되었나(Curiosity: How Science Became Interested in Everything)』 등이 있으며, 『물리학으로 보는 사회(Critical Mass)』는 2005년 과학책을 위한 어벤티스 상(Aventis Prize for Science Books)을 받았다. 또한 화학을 대중에게 쉽게 풀이한 공로로 미국 화학회의 그래디스택 상을 받았으며, 복잡한 과학의 소통에 기여한 공로로 라그랑주 상의 첫 번째 수상자가 되었다.

마크 리치 런던 보로대학교와 샐포드대학교에서 화학을 공부했고 영국과 다른 나라의 대학들에서 연구했다. 그는 화학 웹 출판사인 Meta-Synthesis의 소유주이고, 『화학창세기 웹북(Chemogenesis Web Book)』, 『반응화학 데이터베이스 사전(The Chemical Thesaurus Reaction Chemistry Database)』을 펴냈으며, 주기율표 인터넷 데이터베이스의 큐레이터다. 화학의 철학과 주기율표의 철학적 역학 등에 관심이 있다.

제프리 오언 모런 소프트웨어 개발자이며 그의 회사 일렉트릭 프리즘(Electric Prism)은 웹 기반의 학습 프로그램을 전문적으로 다룬다. 나선형으로 만든 그의 주기율표는 《뉴욕타임스》에 실렸다. 일찍이 금속 공예를 했던 그의 원소에 대한 관심은 보석과 공업용 금속에 대한 경험에서 자라나왔고 뉴욕과 다른 도시들의 역사적인 건물 정면의 장식물을 새롭게 복원하는 디자인을 하면서 더욱 커져갔다. 그는 현재 개발 중인 대화형 역사 프로젝트 『역사 지도(History Atlas)』의 저자이며 뉴욕 주 우드스탁 타운의 관리자로 2기를 역임했다.

안드레아 셀라 토론토와 옥스퍼드에서 화학을 공부하면서 유기금속 합성을 전공했으며, 촉매와 전이원소 체계의 동역학, 란타넘족 착화합물의 구조와 결합, 물질 합성 등에 대한 논문들을 펴냈다. 2011년부터 런던의 유니버시티 칼리지의 화학과 교수로 재직 중인 그는 강의와 강의 개발 외에도 대중 강연과 기고를 통해 화학을 대중에게 전달하는 데 적극적으로 노력하고 있다. 라디오와 텔레비전에도 출연하고 있으며, 대학생들을 초등학교에 파견하는 프로그램도 개발 중이다.

필립 스튜어트 옥스퍼드대학교에서 교편을 잡았고, 생태계에 대한 인류 문화의 영향 등을 포함하는 다양한 주제에 대해 저술해왔다. 특히 화학에 몸담은 젊은이와 비화학자들의 화학에 대한 흥미를 고취하기 위해 『화학적 은하계: 원소의 주기성에 대한 새로운 시각(Chemical Galaxy: a New Vision of the Periodic System of the Elements)』을 펴냈다.

휴 앨더시 윌리엄스 과학에서 건축과 디자인에 이르는 넓은 관심을 가진 작가이자 큐레이터다. 빅토리아앨버트미술관과 웰컴콜렉션의 큐레이터를 맡았고, 현재는 화학 원소들과 관련된 예술작품의 전시를 준비하고 있다. 지은 책으로는 『주기율표: 원소들의 신기한 삶(Periodic Tales: The Curious Lives of the Elements)』, 『해부학: 인체의 부위와 그 이야기(Anatomies: The Human Body, Its Parts and the Stories They Tell)』 등이 있다.

존 엠슬리 런던 킹스칼리지 화학과에서 22년 동안 강사와 부교수로 지내고 있는 그는 100편이 넘는 연구논문을 발표했다. 지은 책으로는 『좋은 화학 물질 소비자 안내(The Consumer's Good Chemical Guide)』와 『자연의 구성 요소(Nature's Building Blocks)』, 『인의 놀라운 역사(The Shocking History of Phosphorus)』, 『살인의 원소(The Elements of Murder)』 등이 있다.

브라이언 클렉 윌트셔에 살면서 과학에 관한 글을 쓰는 그는 『신의 효과(The God Effect)』, 『빅뱅 이전(Before the Big Bang)』, 『비행 중의 과학(Inflight Science)』, 『자신의 타임머신 만들기(Build Your Own Time Machine)』 등을 펴냈다. 또한 《월스트리트 저널》, 《네이처》, 《플레이보이》 등의 신문과 잡지에 많은 글을 썼으며, 영국왕립학회의 화학 팟캐스트에 주기적으로 기고하고 있다.

도판자료 제공에 대한 감사의 글

이 책에 실린 도판자료들을 쓸 수 있도록
허락해주신 데 대해 깊은 고마움을 전합니다.
저작권을 존중하기 위해 최선의 노력을 했습니다만
뜻하지 않은 누락에 대해서는 널리 양해해주시기 바랍니다.

- Corbis/Stefano Bianchetti: 61쪽
- Corbis/Bettmann: 82쪽
- Shutterstock/www.shutterstock.com.

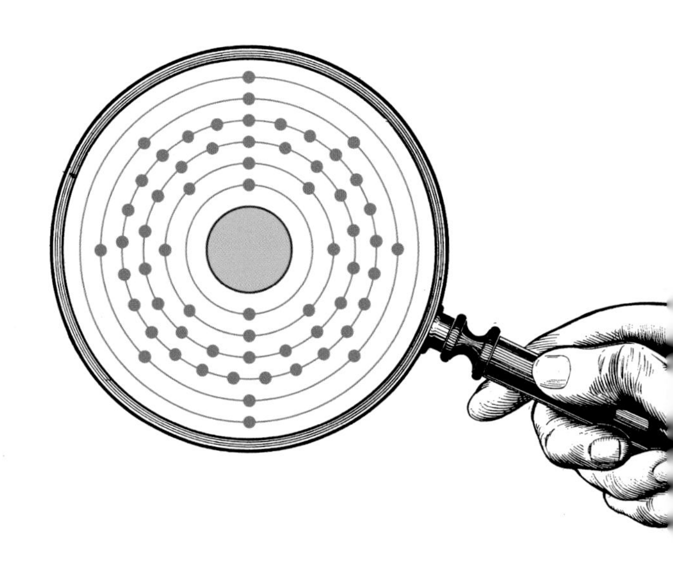

찾아보기

ㅇ

ㅌ

ㅍ

ㅎ

기타

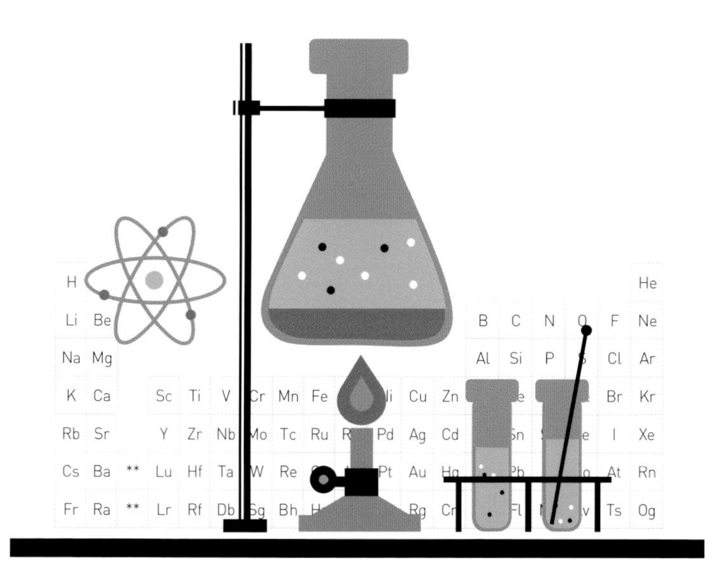
H He
Li Be B C N F Ne
Na Mg Al Si P Cl Ar
K Ca Sc Ti V Mn Fe Cu Zn Br Kr
Rb Sr Y Zr Nb Tc Ru Pd Ag Cd I Xe
Cs Ba ** Lu Hf Ta Re Au At Rn
Fr Ra ** Lr Rf Db Bh Rg Ts Og

ELEMENTS

개념 잡는 비주얼 화학책

1판 1쇄 펴냄 2015년 8월 5일
1판 3쇄 펴냄 2019년 8월 23일

지은이 에릭 셰리, 필립 볼 외
옮긴이 고중숙

주간 김현숙
편집 변효현, 김주희
디자인 이현정, 전미혜
영업 백국현, 정강석
관리 오유나

펴낸곳 궁리출판
펴낸이 이갑수

등록 1999년 3월 29일 제300-2004-162호
주소 10881 경기도 파주시 회동길 325-12
전화 031-955-9818 | **팩스** 031-955-9848
홈페이지 www.kungree.com | **전자우편** kungree@kungree.com
페이스북 /kungreepress | **트위터** @kungreepress

ISBN 978-89-5820-327-8 03430
ISBN 978-89-5820-299-8 03400(세트)

값 13,000원